动态网站开发

（ASP.NET）

主　编：李艳华

副主编：李永锋　史小英

西北大学出版社

—— **图书在版编目（CIP）数据**

动态网站开发：ASP.NET / 李艳华主编.—西安：
西北大学出版社，2015.7

ISBN 978-7-5604-3681-4

Ⅰ.①动… Ⅱ.①李… Ⅲ.①网站—设计—教材
Ⅳ.①TP393.092

中国版本图书馆CIP数据核字（2015）第166766号

动态网站开发：ASP.NET

主	编：	李艳华
出版发行：		西北大学出版社
地	址：	西安市太白北路229号
邮	编：	710069
电	话：	029-88303313
经	销：	全国新华书店
印	装：	陕西奇彩印务有限责任公司
开	本：	787毫米×1092毫米 1/16
印	张：	15
字	数：	328千字
版	次：	2015年9月第1版
印	次：	2015年9月第1次印刷
书	号：	ISBN 978-7-5604-3681-4
定	价：	36.00元

前　言

本书主要介绍以 C#语言为基础、使用 ASP．NET 进行 Web 程序开发与应用的技术。

本书是以校园在线超市网站为主线，介绍了网站建设中的几个主要模块：站点界面设计，登录模块，注册管理模块，商品管理，购物车，订单的管理的实现思路，由浅入深地介绍了基于 ASP．NET Web 应用开发所涵盖的主要技术，将开发网站的知识和技能有机结合，将 ASP．NET 的知识融入到开发网站的每一个模块中，使学生在学习理论的同时，能做出网站的一个模块，融"教、学、做"三者于一体。教材主要包括 ASP．NET 开发环境、C#语法规则、Web 窗体设计、ASP．NET 的六大内置对象、网站的母板设计、网站的常用控件和导航控件的使用以及 ADO．NET 数据库的访问技术等。

本书编写过程中力求突出理论知识够用，以培养学生专业技能为出发点，内容丰富，实例简单，容易理解。每章都有习题和实训指导，便于学生加深对相关知识技能的理解。

本书由西安航空职业技术学院计算机工程学院李艳华担任主编，西安航空职业技术学院计算机工程学院李永锋、史小英担任副主编。李艳华编写第一章、第三章和第五章，史小英编写第二章和第四章，李永锋编写第六章、第七章和第八章。

本书适合作为高等职业院校计算机相关专业的教材。

作　者
2015 – 4 – 23

目 录

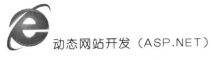

 项目一　ASP. NET 概述

1.1　编程体系简介

1.1.1　客户端/服务器（Client/Server，C/S）

Client/Server 结构（C/S 结构）是大家熟知的客户机和服务器结构。它是软件系统体系结构，通过它可以充分利用两端硬件环境的优势，将任务合理分配到 Client 端和 Server 端来实现，降低了系统的通讯开销。目前大多数应用软件系统都是 Client/Server 形式的两层结构。由于现在的软件应用系统正在向分布式的 Web 应用发展，Web 和 Client/Server 应用都可以进行同样的业务处理，应用不同的模块共享逻辑组件，因此，内部的和外部的用户都可以访问新的和现有的应用系统，通过现有应用系统中的逻辑可以扩展出新的应用系统。这也是目前应用系统的发展方向。

1. 定义

C/S 又称 Client/Server 或客户/服务器模式。服务器通常采用高性能的 PC、工作站或小型机，并采用大型数据库系统，如 ORACLE、SYBASE、InfORMix 或 SQL Server。客户端需要安装专用的客户端软件。

传统的 C/S 体系结构虽然采用的是开放模式，但这只是系统开发一级的开放性，在特定的应用中无论是 Client 端还是 Server 端都还需要特定的软件支持。由于没能提供用户真正期望的开放环境，C/S 结构的软件需要针对不同的操作系统开发不同版本的软件，加之产品的更新换代十分快，已经很难适应百台电脑以上局域网用户同时使用，而且代价高，效率低。

2. 优缺点

C/S 结构能充分发挥客户端 PC 的处理能力，很多工作可以在客户端处理后再提交给服务器，对应的优点就是客户端响应速度快。缺点主要有以下几个：

（1）只适用于局域网。随着互联网的飞速发展，移动办公和分布式办公越来越普及，这需要操作系统具有扩展性。而且在这种方式下进行远程访问需要专门的技术，同时要对系统进行专门的设计来处理分布式的数据。

（2）客户端需要安装专用的客户端软件。首先涉及安装的工作量；其次，任何一台电脑出问题，如病毒、硬件损坏等，都需要进行安装或维护。特别是有很多分部或专卖店的情况，此时不是工作量的问题，而是路程的问题。还有，系统软件升级时，每一台客户机都需要重新安装，其维护和升级成本非常高。

（3）对客户端的操作系统一般也会有限制。可能适应于 Windows 98，但不能用于 Windows 2000 或 Windows XP。或者不适用于微软新的操作系统等等，更不用说 Linux、Unix 等。

1.1.2　浏览器/服务器（Browser/Server，B/S）

B/S 结构（Browser/Server，浏览器/服务器模式），是 WEB 兴起后的一种网络结构模式。WEB 浏览器是客户端最主要的应用软件。这种模式统一了客户端，将系统功能实现的核心部分集中到服务器上，简化了系统的开发、维护和使用。客户机上只需要安装一个浏览器（Browser），如 Netscape Navigator 或 Internet Explorer，服务器上则安装 SQL Server、Oracle、MYSQL 等数据库。浏览器通过 Web Server 同数据库进行数据交互。

1. 作用

B/S 最大的优点就是可以在任何地方进行操作而不用安装任何专门的软件，只要有一台能上网的电脑就能使用，客户端零安装、零维护，系统的扩展非常容易。

B/S 结构的使用越来越多，特别是由需求推动了 AJAX 技术的发展，它的程序也能在客户端电脑上进行部分处理，从而大大的减轻了服务器的负担；并增加了交互性，能进行局部实时刷新。

2. 架构特点

（1）维护和升级方式简单。当前，软件系统的改进和升级越发频繁，B/S 架构的产品明显体现着更为方便的特性。对一个稍微大一点单位来说，系统管理人员如果需要在几百甚至上千部电脑之间来回奔跑，效率和工作量是可想而知的，但 B/S 架构的软件只需要管理服务器就行了，所有的客户端只是浏览器，根本不需要做任何的维护。无论用户的规模有多大，有多少分支机构都不会增加任何维护升级的工作量，所有的操作只需要针对服务器进行；如果是异地，只需要把服务器连接专网即可，实现远程维护、升级和共享。所以客户机越来越"瘦"，而服务器越来越"胖"是将来信息化发展的主流方向。今后，软件升级和维护会越来越容易，而使用起来会越来越简单，这对用户人力、物力、时间、费用的节省是显而易见的，惊人的。因此，维护和升级革命的方式是"瘦"客户机，"胖"服务器。

（2）成本降低，选择更多。大家都知道 Windows 在桌面电脑上几乎一统天下，浏览器成为了标准配置，但在服务器操作系统上 Windows 并不是处于绝对的统治地位。当前的趋势是凡使用 B/S 架构的应用管理软件，只需安装在 Linux 服务器上即可，而且安全性高。所以服务器操作系统的选择是很多的，不管选用哪种操作系统都可以让大部分人使用 Windows 作为桌面电脑操作系统不受影响，这就使得最流行免费的 Linux 操作系统快速发展起来，Linux 除了操作系统是免费的以外，连数据库也是免费的，这种选择非常盛行。

比如说很多人每天上"新浪"网，只要安装了浏览器就可以了，并不需要了解"新浪"的服务器用的是什么操作系统，而事实上大部分网站确实没有使用 Windows 操作系统，但用户的电脑本身安装的大部分是 Windows 操作系统。

（3）应用服务器运行数据负荷较重。由于 B/S 架构管理软件只安装在服务器端（Server）上，网络管理人员只需要管理服务器就行了，用户界面主要事务逻辑在服务器（Server）端完全通过 WWW 浏览器实现，极少部分事务逻辑在前端（Browser）实现，所有的客户端只有浏览器，网络管理人员只需要做硬件维护。但是，应用服务器运行数据负荷较重，一旦发生服务器"崩溃"等问题，后果不堪设想。因此，许多单位都备有数据库存储服务器，以防万一。

1.1.3 C/S 和 B/S 联系

1. C/S

C/S 是 Client/Server 的缩写。服务器通常采用高性能的 PC、工作站或小型机，并采用大型数据库系统，如 Oracle、Sybase、Informix 或 SQL Server。客户端需要安装专用的客户端软件。

2. B/S

B/S 是 Browser/Server 的缩写。客户机上只要安装一个浏览器（Browser），如 Netscape Navigator 或 Internet Explorer，服务器安装 Oracle、Sybase、Informix 或 SQL Server 等数据库。在这种结构下，用户界面完全通过 WWW 浏览器实现，一部分事务逻辑在前端实现，但是主要事务逻辑在服务器端实现。浏览器通过 Web Server 同数据库进行数据交互。

系统开发中 C/S 结构（Client/Server）中 Client（客户端）往往可以由 B/S 结构（Browser/Server 结构）的 Browser（浏览器）及其载体承担，C/S 结构的 Web 应用与 B/S 结构（Browser/Server 结构）具有紧密联系。大系统和复杂系统中，C/S 结构和 B/S 结构的嵌套也很普遍。

3. C/S 和 B/S 的区别

（1）硬件环境不同。

C/S 一般建立在专用的网络上，小范围里的网络环境，局域网之间再通过专门服务器提供连接和数据交换服务。

B/S 建立在广域网之上的，不必是专门的网络硬件环境，例如电话上网，租用设备. 信息自己管理。有比 C/S 更强的适应范围，一般只要有操作系统和浏览器就行。

（2）对安全要求不同。

C/S 一般面向相对固定的用户群，对信息安全的控制能力很强。一般高度机密的信息系统采用 C/S 结构适宜。可以通过 B/S 发布部分可公开信息。

B/S 建立在广域网之上，对安全的控制能力相对弱，可能面向不可知的用户。

（3）对程序架构不同。

C/S 程序可以更加注重流程，可以对权限多层次校验，对系统运行速度可以较少考虑。

B/S 对安全以及访问速度的多重的考虑，建立在需要更加优化的基础之上．比 C/S 有更高的要求 B/S 结构的程序架构是发展的趋势，从 MS 的．Net 系列的 BizTalk 2000 Exchange 2000 等，全面支持网络的构件搭建的系统。SUN 和 IBM 推 JavaBean 构件技术等，使 B/S 更加成熟。

（4）软件重用不同。

C/S 程序可以不可避免的整体性考虑，构件的重用性不如在 B/S 要求下的构件的重用性好。

B/S 的多重结构，要求构件相对独立的功能，能够相对较好的重用，就如买来的餐桌可以再利用，而不是做在墙上的石头桌子。

（5）系统维护不同。

C/S 程序由于整体性，必须整体考察，处理出现的问题以及系统升级、升级难、可能是再做一个全新的系统。

B/S 构件组成，方便构件个别的更换，实现系统的无缝升级．系统维护开销减到最小．用户从网上自己下载安装就可以实现升级。

（6）处理问题不同。

C/S 程序可以处理用户面固定，并且在相同区域，安全要求高，需求与操作系统相关．应该都是相同的系统。

B/S 建立在广域网上，面向不同的用户群，分散地域，这是 C/S 无法作到的。与操作系统平台关系最小。

（7）用户接口不同。

C/S 多是建立的 Window 平台上，表现方法有限，对程序员普遍要求较高。

B/S 建立在浏览器上，有更加丰富和生动的表现方式与用户交流．并且大部分难度减低，减低开发成本。

（8）信息流不同。

C/S 程序一般是典型的中央集权的机械式处理，交互性相对低。

B/S 信息流向可变化，B-B B-C B-G 等信息、流向的变化，更像交易中心。

1.2 ASP. NET 2.0 概述

ASP. NET（ASP：Active Server Page）是微软的。NET 框架更新版本。NET 中的一部分，是一种重要的，流行的动态 WEB 开发技术。.NET 框架是一种新的计算平台，它简化了在高度分布式 Internet 环境中的应用程序开发。.NET 框架旨在实现下列目标。

（1）提供一个一致的面向对象的编程环境，而不论对象代码是在本地存储和执行，还是在本地执行但在 Internet 上分布，或者是在远程执行的。

（2）提供一个将软件部署和版本控制冲突最小化的代码执行环境。

（3）提供一个保证代码安全执行的代码执行环境。

（4）提供一个可消除脚本环境或解释环境的性能问题的代码执行环境。

（5）使开发人员的经验在面对类型大不相同的应用程序（如基于 Windows 的应用程序和基于 Web 的应用程序）时保持一致。

（6）按照工业标准生成所有通信，以确保基于 .NET 框架的代码可与任何其他代码集成。

.NET 框架具有两个主要组件：公共语言运行库和 .NET 框架类库。

公共语言运行库是 .NET 框架的基础。用户可以将运行库看作一个在执行时管理代码的代理，它提供核心服务（如内存管理、线程管理和远程处理），而且还强制实施严格的代码安全访问。事实上，代码管理的概念是运行库的基本原则。以运行库为目标的代码称为托管代码，而不以运行库为目标的代码称为非托管代码。

.NET 框架类库是 .NET 框架的另一个主要组件，它是一个综合性的面向对象的可重用类型集合，用户可以使用它开发多种应用程序，这些应用程序包括传统的命令行或图形用户界面（GUI）应用程序，也包括基于 ASP .NET 所提供的最新创新的应用程序（如 Web 窗体和 XML Web 服务）。

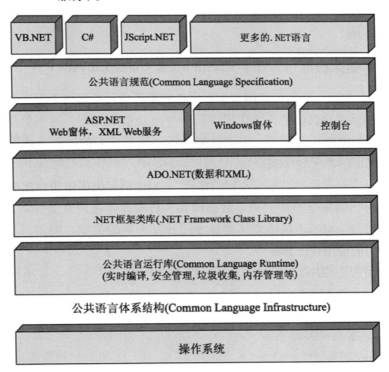

图 1.1　.NET 框架体系结构

1.2.1　公共语言运行库（Common Language Runtime）

公共语言运行库管理内存、线程执行、代码执行、代码安全验证、编译以及其他系统服务。

运行库强制实施代码访问安全。例如，用户可以相信嵌入在 Web 页中的可执行文件

能够在屏幕上播放动画或唱歌，但不能访问他们的个人数据、文件系统或网络。这样，运行库的安全性就使通过 Internet 部署的合法软件能够具有特别丰富的功能。

此外，运行库的托管环境还消除了许多常见的软件问题。例如，运行库自动处理对象布局并管理对对象的引用，不再使用时将它们释放。这种自动内存管理解决了两个最常见的应用程序错误：内存泄漏和无效内存引用。

运行库还提高了开发人员的工作效率。例如，程序员可以用自己熟悉的开发语言编写应用程序，却仍能充分利用其他开发人员用其他语言编写的运行库、类库和组件。以 . NET 框架为目标的语言编译器使得用该语言编写的现有代码可以使用 . NET 框架的功能，这大大减轻了现有应用程序的迁移过程的工作负担。

尽管运行库是为未来的软件设计的，但是它也支持现在和以前的软件。托管代码和非托管代码之间的互操作性使开发人员能够继续使用所需的 COM 组件和 DLL。

运行库旨在增强性能。尽管公共语言运行库提供许多标准运行库服务，但是它从不解释托管代码。一种称为实时（JIT）编译的功能能够在执行时将所有托管代码实时翻译为本机代码。同时，内存管理器排除了出现零碎内存的可能性，并增大了内存引用区域以进一步提高性能。

1.2.2 . NET 框架类库 （. NET Framework Class Library）

. NET 框架类库是一个与公共语言运行库紧密集成的可重用的类型集合。该类库是面向对象的，并提供用户自己的托管代码可从中导出功能的类型。这不但使 . NET 框架类型易于使用，而且还减少了学习 . NET 框架的新功能所需要的时间。此外，第三方组件可与 . NET 框架中的类无缝集成。

正如用户对面向对象的类库所希望的那样，. NET 框架类库使用户能够完成一系列常见编程任务（包括诸如字符串管理、数据收集、数据库连接以及文件访问等任务）。除这些常见任务之外，类库还包括支持多种专用开发方案的类型。例如，可使用 . NET 框架开发下列类型的应用程序和服务。

（1）控制台应用程序。

（2）Windows 窗体应用程序。

（3）ASP . NET 应用程序。

（4）XML Web Services。

（5）Windows 服务。

1.2.3 ADO . NET 与 ASP . NET 的比较

1. ADO . NET 的特点

ADO . NET 提供对 Microsoft SQL Server 等数据源以及通过 OLE DB 和 XML 公开的数据源的一致访问。应用程序可以使用 ADO . NET 来连接到这些数据源，并检索、操作和更新数据。

ADO.NET 包含数据库和执行数据操作命令的组件，以及.NET 框架数据提供程序。用户可以直接处理检索到的结果，或将其放入 ADO.NET DataSet 对象，以便与来自多个源的数据或在层之间进行远程处理的数据组合在一起，以特殊方式向用户公开。ADO.NET DataSet 对象也可以独立于.NET 框架，管理应用程序本地的数据或源自 XML 的数据。

以前，数据处理主要依赖于基于连接的双层模型。当数据处理越来越多地使用多层结构时，程序员正在向断开方式转换，以便为他们的应用程序提供更佳的可缩放性。

ADO.NET 借用 XML 的力量来提供对数据的断开式访问。ADO.NET 的设计与.NET 框架中 XML 类的设计是并进的，它们都是同一个结构的组件。

ADO.NET 和.NET 框架中的 XML 类集中于 DataSet 对象。无论 DataSet 是文件还是 XML 流，它都可以使用来自 XML 源的数据来进行填充。无论 DataSet 中数据的数据源是什么，DataSet 都可以写为符合万维网联合会（W3C）的 XML，并且将其架构包含为 XML 架构定义语言（XSD）架构。由于 DataSet 固有的序列化格式为 XML，它是在层间移动数据的优良媒介，这使 DataSet 成为以远程方式向 XML Web 服务发送数据和架构上下文以及从 XML Web 服务接收数据和架构上下文的最佳选择。

2. ASP.NET 的特点

ASP.NET 不仅是新版本的 Active Server Page（ASP），还是统一的 Web 开发平台，用来提供开发人员生成企业级 Web 应用程序所需的服务。ASP.NET 的语法在很大程度上与 ASP 兼容，同时它还提供一种新的编程模型和结构，用于生成更安全、可伸缩和稳定的应用程序。可以通过在现有 ASP 应用程序中逐渐添加 ASP.NET 功能，随时增强该 ASP 应用程序的功能。

ASP.NET 是一个已编译的、基于.NET 的环境，可以用任何与.NET 兼容的语言（包括 Visual Basic.NET、C# 和 JScript.NET）创作应用程序。另外，任何 ASP.NET 应用程序都可以使用整个.NET 框架。开发人员可以方便地获得这些技术的优点，其中包括托管的公共语言运行库环境、类型安全、继承等。

ASP.NET 可以无缝地与 WYSIWYG HTML 编辑器和其他编程工具（包括 Microsoft Visual Studio.NET）一起工作。这不仅使得 Web 开发更加方便，而且还能提供这些工具必须提供的所有优点，包括开发人员可以用来将服务器控件拖放到 Web 页的 GUI 和完全集成的调试支持。

当创建 ASP.NET 应用程序时，开发人员可以使用 Web 窗体或 XML Web 服务，或以他们认为合适的任何方式进行组合。每个功能都能得到同一结构的支持，使用户能够使用身份验证方案，缓存经常使用的数据，或者对应用程序的配置进行自定义，这里只列出两种可能性。

（1）使用 Web 窗体可以生成功能强大的基于窗体的 Web 页。生成这些页时，可以使用 ASP.NET 服务器控件来创建公共 UI 元素，以及对它们进行编程以执行常见的任务。这些控件使用户能够用可重复使用的内置或自定义组件生成 Web 窗体，从而简化页面的

代码。

（2）XML Web 服务提供了远程访问服务器功能的途径。使用 XML Web 服务，企业可以公开数据或业务逻辑的编程接口，这样客户端和服务器应用程序就可以获取和操作这些编程接口。通过使用诸如 HTTP 和 XML 消息传递之类的标准跨越防火墙移动数据，XML Web 服务可在客户端－服务器或服务器－服务器方案下实现数据的交换。XML Web 服务不与特定的组件技术或对象调用约定相关联。因此，用任何语言编写、使用任何组件模型并在任何操作系统上运行的程序，都可以访问 XML Web 服务。

1.2.4 公共语言规范（Common Language Specification）

公共语言运行库提供内置的语言互用性支持。但是，这种支持不能保证用户编写的代码能被使用另一种编程语言的开发人员使用。为了确保使用任何编程语言的开发人员都可

以访问用户的托管代码，.NET 框架提供了公共语言规范（CLS），它描述了一组基本的语言功能并定义了如何使用这些功能的规则。

如果用户的组件在对其他代码（包括派生类）公开的 API 中只使用了 CLS 功能，那么可以保证在任何支持 CLS 的编程语言中都可以访问该组件。遵守 CLS 规则、仅使用 CLS 中所包含功能的组件叫做符合 CLS 的组件。

1.2.5 .NET 编程语言和开发工具

Microsoft .NET 开发框架支持多种语言，在目前的版本中已经支持 Visual Basic .NET、C＋＋、C#和 JScript .NET 4 种语言以及它们之间的深层次交互。但是需要注意的是 ASP .NET 页面限于用单一编程语言编写的代码。目前，ASP .NET 支持 Visual Basic .NET、C# 和 JScript .NET。

随着 .NET 的推出，微软也强力推出了一种新型的编程语言 C#，C# 是由 Microsoft 开发的一种新型编程语言，由于它是从 C 和 C＋＋中派生出来的，因此具有 C＋＋的功能。同时，由于是 Microsoft 公司的产品，它又同 VB 一样简单。对于 Web 开发而言，C# 像 Java 一样，同时具有 Delphi 的一些优点。Microsoft 宣称：C#是开发 .NET 框架应用程序的最好语言。

C# 是 .NET 的关键性语言，它是整个 .NET 平台的基础。与 C# 相比，.NET 所支持的其他语言显然是配角身份。例如，VB .NET 的存在主要是对千万个 VB 开发人员的负责。对于 JScript .NET 和 Managed C＋＋也同样可以这么说，后者只是增加了调用 .NET 类的 C＋＋语言。

.NET 平台将 C#作为其固有语言，重温了许多 Java 的技术规则。C#中也有一个虚拟机，叫做公用语言运行库（CLR），它的对象也具有同样的层次。但是 C#的设计意图是要使用全部的 Win32 API 甚至更多。

1.3 ASP . NET 运行环境的安装与配置

当用户开发好一个 ASP . NET 应用程序之后，只需要在服务器上安装 ASP . NET 运行环境即可正常运行 ASP . NET 应用程序，不需要在服务器上安装 ASP . NET 的开发工具 Visual Studio . NET。

目前，ASP . NET 最佳的运行环境为 Windows XP、Windows 2000 和 Windows 2003。当然，最舒适的开发环境是 Windows XP，最佳的运行环境就是 Windows 2003 了。

Windows 2003 操作系统本身已经自带了 ASP . NET 运行环境，只是在操作系统安装时不是默认安装，用户只需要单击【开始】→【控制面板】→【添加或删除程序】→【添加/删除 Windows 组件】中勾选【ASP . NET】和【Internet 信息服务（IIS）】即可在 Windows 2003 中成功安装 ASP . NET 的运行环境。

在 Windows XP 和 Windows 2000 操作系统中没有自带 ASP . NET 运行环境，需要先从互联网上下载相应软件，然后按照表 1 - 1 中的步骤进行安装才行。

表 1 - 1 . NET 运行环境的安装步骤

安装步骤	软件下载地址
安装并配置好 IIS 服务器	Windows XP、Windows 2000 和 Windows 2003 操作系统自带的组件
先把 IE 升级到 5.5 或更高	http：//download. microsoft. com/download/ie6sp1/finrel/6 _ sp1 / W98NT42KMeXP/CN/ie6setup. exe
升级 MDAC 至 2.7 版本或者 2.8 版本	http：//www. microsoft. com/downloads/details. aspx? FamilyID = 6c050fe3 - c795 - 4b7d - b037 - 185d0506396c&DisplayLang = zh - cn
下载 . NET 框架 1.1 可再发行版组件包（23MB）	http：//www. microsoft. com/downloads/details. aspx? displaylang = zh - cn&FamilyID = 262D25E3 - F589 - 4842 - 8157 - 034D1E7CF3A3
下载安装简体中文语言包（1.4 MB，可选）	http：//www. microsoft. com/downloads/details. aspx? familyid = 04DBA F2E - 61ED - 43F4 - 8D2A - CCB2BAB7B8EB&displaylang = zh - cn

下面分别讲述在 Windows XP、Windows 2000 和 Windows 2003 操作系统下 ASP . NET 运行环境的安装和配置方法。

1.3.1 在 Windows XP 和 Windows 2000 操作系统下安装和配置 ASP . NET 运行环境

在 Windows XP 和 Windows 2000 操作系统下安装和配置 ASP . NET 运行环境的步骤如下。

（1）安装并配置好 IIS 服务器。执行【开始】→【设置】→【控制面板】→【添加或删除程序】→【添加/删除 windows 组件】→【安装 Internet 信息服务组件】命令。以 Windows XP 为例，在【开始】→【控制面板】→【性能和维护】→【管理工具】→【Internet 信息服务（IIS）】来启动 IIS 服务器，选择默认网站的主目录和默认文档，添加默认文档为 index. aspx。

（2）下载并安装 IE 和 MDAC。升级 IE 到 5.5 或更高、升级 MDAC 到 2.7 版本或者

2.8 版本。

（3）下载并安装 .NET 框架 1.1，安装前请确保用户的 IIS 服务器能正常运行。双击 .NET Framework 1.1.exe 启动安装程序，弹出如图 1.2 所示对话框。

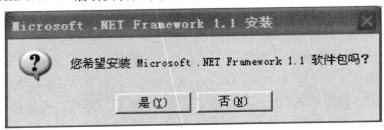

图 1.2 .NET Framework 安装

单击【是】按钮，下一步就进入安装状态，按照提示进行，遇到对话框按 Enter 键，安装程序自动完成所有的工作。安装完毕后，IIS 不用作任何设置。

（4）最后安装简体中文语言包。

1.3.2 在 Windows 2003 操作系统下安装和配置 ASP．NET 运行环境

1. Windows 2003 下安装 IIS 和 ASP．NET

（1）执行【开始】→【设置】→【控制面板】→【添加或删除程序】→【添加/删除 Windows 组件】命令。

（2）在【Windows 组件向导】中勾选【应用程序服务器】，单击【详细信息（D）】。

（3）在【应用程序服务器】中勾选【ASP．NET】和【Internet 信息服务（IIS）】。单击【确定】按钮，即可安装【ASP．NET】和【Internet 信息服务（IIS）】这两个操作系统自带的组件，如图 1.4 所示。

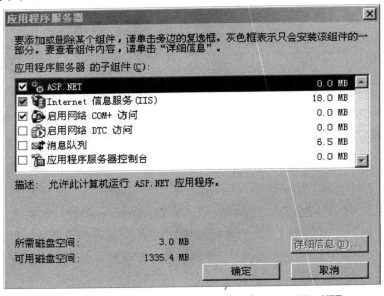

图 1.3 在 Windows 2003 操作系统下安装 IIS 和 ASP．NET

2. Windows 2003 下启用 ASP.NET

（1）执行【开始】→【所有程序】→【管理工具】→【Internet 信息服务（IIS）管理器】命令。

（2）在【Internet 信息服务（IIS）管理器】中展开左边树型管理器的本地计算机，然后单击【Web 服务扩展】。

（3）在右侧窗格中右击【ASP.NET】，然后单击【允许】，ASP.NET 的状态变为"允许"，如图 1.4 所示。

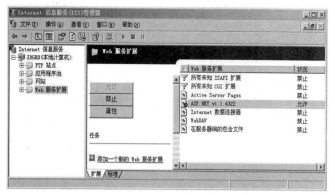

图 1.4　在 Windows 2003 操作系统下启用 ASP.NET

1.3.3　检查 ASP.NET 运行环境是否配置成功

在 Windows XP、Windows 2000 和 Windows 2003 操作系统下检查 ASP.NET 运行环境是否配置成功的方法是一致的，检查步骤如下。

（1）单击【开始】→【所有程序】→【管理工具】→【Internet 信息服务（IIS）管理器】。

（2）在【Internet 信息服务（IIS）管理器】中展开左边树型管理器的本地计算机，然后单击【网站】→【默认网站】，右击【默认网站】，选择【属性】。

（3）在【默认网站属性】中单击【主目录】，如图 1.5 所示。

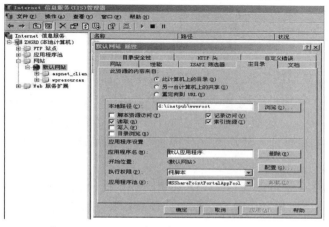

图 1.5　Internet 信息服务默认网站主目录属性

（4）在【主目录】中单击【配置】按钮，在【应用程序配置】→【映射】中查看应用程序扩展，查看扩展名是否存在"ascx"、"asmx"、"aspx"等 ASP.NET 应用程序相关的扩展名，如果存在则表示 ASP.NET 的运行环境已经配置成功，如图 1.6 所示。

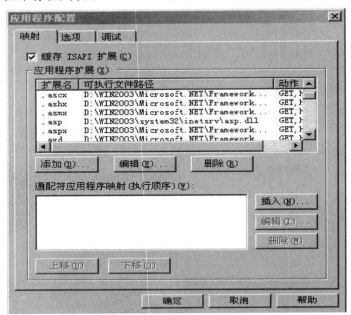

图 1.6　应用程序配置中的应用程序扩展名

1.4　Visual Studio.NET 安装与使用

1.4.1　Visual Studio.NET 安装

Visual Studio.NET 作为微软的下一代开发工具，它和.NET 开发框架紧密结合，是构建下一代互联网应用的优秀工具。Visual Studio.NET 通过提供一个统一的集成开发环境及工具，大大提高了开发者的效率；集成了多种语言支持；简化了服务器端的开发；提供了高效地创建和使用网络服务的方法等。

Visual Studio.NET 是一套完整的开发工具，用于生成 ASP.NET Web 应用程序、XML Web Services、桌面应用程序和移动应用程序。

Web 窗体是用于创建可编程 Web 页的 ASP.NET 技术。Web 窗体将自己呈现为浏览器兼容的 HTML 和脚本，这使任何平台上的任何浏览器都可以查看 Web 页。使用 Web窗体，将控件拖放到设计器上然后添加代码来创建 Web 页，与创建 Visual Basic 窗体的方法相似。

XML Web Services 是可以通过 HTTP 使用 XML 接收请求和数据的应用程序。XML Web Services 不受特定组件技术或对象调用约定的制约，因此可由任何语言、组件模型或操作系统访问。

安装 Visual Studio . NET 版本的计算机需要满足下列系统要求，见表 1 - 2。

表 1 - 2　安装 Visual Studio . NET 的系统要求

处理器	具有 Pentium III 级处理器的 PC，600 MHz 以上
内存	128MB 以上，推荐：256MB
硬盘	系统驱动器上有 900 MB，安装驱动器上有 4.1 GB
操作系统	Windows XP、Windows 2000、Windows 2003

Visual Studio . NET 2005 简体中文正式版共有 6 张安装光盘，1、2、3 是开发工具安装盘（分别是：Visual Studio . NET 2005 CD1、CD2 和系统必备），4、5、6 是 MSDN 安装光盘。

安装 Visual Studio . NET 2005 步骤如下。

（1）关闭所有打开的应用程序，以免增加计算机在安装期间重新启动的次数。

（2）插入标有"Visual Studio . NET 2005 光盘 1"的光盘。

（3）"自动运行"功能将启动 Setup. exe。如果禁用了"自动运行"功能，请从安装 CD 的根目录下运行 Setup. exe。

（4）安装程序将扫描磁盘，查找已安装的组件。如果扫描过程确定系统需要组件更新，"安装"对话框中会提示"第一步：安装 Visual Studio . NET 2005 系统必备"。请选择第一步更新系统组件。如果不需要组件更新，则不会提供此选项。

（5）插入标有"Visual Studio . NET 2005 系统必备"的光盘。

（6）更新系统组件后，"安装"对话框将启用"第二步：Visual Studio . NET 2005"。请选择第二步安装 Visual Studio . NET 2005。

（7）插入标有"Visual Studio . NET 2005 光盘 1"的光盘。

（8）按照屏幕提示依次插入"Visual Studio . NET 2005 光盘 1"和"Visual Studio . NET 2005 光盘 2"，完成 Visual Studio . NET 的安装。

（9）Visual Studio . NET 安装成功后，"安装"对话框将启用"第三步：产品文档"。请选择第三步安装产品文档 MSDN Library。

（10）插入标有"MSDN 光盘 1"的光盘。

（11）在"MSDN 安装选项"界面，如果硬盘空间足够，注意选中"此功能及所有子功能将被安装在本地硬盘上"，这样在进行应用程序开发时查询文档时就不再需要 MS-DN 光盘了。

（12）按照屏幕提示依次插入"MSDN 光盘 1"、"MSDN 光盘 2"、"MSDN 光盘 3"，完成 MSDN Library 产品文档的安装。

1.4.2　创建第一个 ASP . NET 网站

【例1.1】编写一个简单的 ASP . NET 应用程序，只有一个页面 default1. aspx，单击页面上的【点点看】按钮，在 Web 页面上显示文字"这是第一个 ASP . NET 应用程序"，

如图 1.7 所示。

图 1.7　第一个 ASP．NET 应用程序

（1）打开 VS2005，然后在顶部菜单栏中，从"文件"菜单下找到"新建"→"网站"菜单命令并单击，弹出"新建网站"对话框，如图 1.8 所示。

图 1.8　"新建网站"对话框

（2）在如图 1.8 所示的对话框中选择"ASP．NET 网站"项目，在【位置】下接列表框中选择"文件系统"，并输入网站的路径和名字，在【语言】下拉列表框中选择"Visual C#"，输入完毕单击"确定"按扭，结果如图 1.9 所示。在该窗体中，底部包含"源"、"拆分"和"设计"界面的切换按钮，可以单击这些按钮进行切换。

图 1.9 所示的解决方案资源管理器中，文件 Default．aspx 是应用程序的默认页，称为 ASP．NET 窗体或 ASP．NET 页面。每一个 ASP．NET 窗体均有两种编辑模式，即设计模式和代码模式。设计模式下，双击页面空白人，会出现一个 Default．aspx．cs 文件，这是 C# 代码文件，它所对应的类为 Default．aspx 页面的代码隐藏类。也就是说，任何一个 ASP．NET 窗体都由两个相关联的文件组成，分别为页面文件和代码文件，这就是

ASP. NET 的代码分离技术。

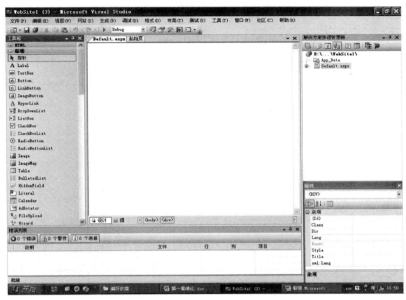

图 1.9 添加网站成功后的界面

（3）单击 Visual Studio . NET 左边的【工具箱】图标，将展开系统带的【工具箱】图标，如图 1.10 所示。

从【工具箱】中单击【Label】控件图标，单击【Label】控件图标后按住鼠标左键不放，将其拖进【工具箱】右侧的【default1. aspx】页面的【设计视图】中，松开鼠标左键，将【Label】控件调整到合适的宽度。再从【工具箱】中单击【Button】控件图标，按刚才前面提到同样的方法将【Button】控件拖进【default1. aspx】页面的【设计视图】中，再将【Button】控件调整到合适的宽度。

（4）为了设置控件属性。在【default1. aspx】页面的【设计视图】中，右击【Button】控件，单击弹出菜单中的【属性】，在右下侧的【属性】窗口中将【Button】控件的【Text】属性值改为【点点看】，如图 1.11 所示。

用同样的属性设置方法将【default1. aspx】页面的【设计视图】中的【Label】控件的【Text】属性值删除，置为空。

（5）给【Button】控件编写 Click 事件，步骤为：右击【default1. aspx】页面的【设计视图】中的【Button】控件，选择弹出菜单中的【属性】打开控件的属性窗口，在【属性】窗口中单击【事件】图标，将显示该控件相关的事件，

图 1.10 工具箱

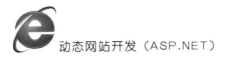

例如【Click】、【DataBinding】等事件，如图 1.12 所示。

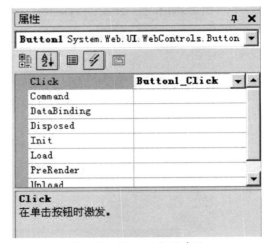

图 1.11　Button 控件属性　　　　　图 1.12　Button1 控件事件

双击【Click】事件右边的空白格，开发工具将自动生成该控件的事件【Button1_ Click】，并自动转到【default1. aspx. cs】页面，【default1. aspx. cs】即为【default1. aspx】页面的程序代码页面。

Default1 . aspx. cx 文件的代码：

```
using System. Web;
using System. Web. Security;
using System. Web. UI;
using System. Web. UI. WebControls;
using System. Web. UI. WebControls. WebParts;
using System. Web. UI. HtmlControls;

public partial class _ Default : System. Web. UI. Page
    {
    protected void Page_ Load (object sender, EventArgs e)
    {

    }

    protected void Button1_ Click (object sender, EventArgs e)
    {
    Label1. Text = " 这是第一个 ASP. NET 应用程序!";

    }
    }
```

使用 using 指令导入的构建 Web 窗体所需要的命名空间,这使得命名空间中的内容在程序中可以直接引用,如命名空间 System 中包含了各种数据类型及基本的输入、输出指令等。

(6)到这时,前台页面的设计已经完成了,单击菜单栏中"调试"→"启动调试",在浏览器中运行页面查看效果,如图 1.7 所示。

1.5 校园在线超市系统描述

校园在线超市致力于打造一个使校园师生的生活更轻松、更快捷和更方便,满足广大师生快节奏的学习与生活方式的综合服务平台。校园超市主页如图 1.13 所示。

图 1.13 校园超市主页

1.5.1 系统概述

校园电子商务作为电子商务的一部分,以其特殊的面向对象,也开始逐渐被市场所重视。分析探讨校园电子商务并建立适合校园特色的电子商务系统是目前研究国内外校园网络化发展的核心问题之一。由于校园电子商务有很强的针对性,结合该校电子商务和计算机两个专业相关资源,以相对较完善的校园网络为基础,建立一套服务该校师生生活的电子商务网站系统,同时,该系统也应用到该校计算机专业的实际教学中。通过数据对比,分析了当前国内外的研究成果与近期研究动态。再以校园电子商务行为为重点对象,结合该校本身的特点,从该校网络结构、服务人员、系统功能性要求等多方面进行综合分析,得出校园电子商务在该校的可行性。其次,本文以生活中的中小型超市为研究原型,结合已有的电子商城,围绕着进货、销售过程、配送

等重点部分对其业务流程进行分析，得出了系统总体需求，以这些功能需求清单为基础，定义了包括用户注册、产品选购、在线支付、物流配送、产品管理等基本功能模块。经过系统性的分析，为这些模块设计了详细的解决方案，给出详细的数据结构设计文档，并最终利用微软公司的 ASP.Net 和 MsSQL（Microsoft SQL Server）2005 技术将这些功能模块编码实现，并完成功能性测试。本文的业务研究内容包括从产品采购入库开始，到销售出库，并通过自取、配送多种物流方式将产品交付到客户手中的全过程，这其中还包括例如客户对产品选购和已经选购完成后支付的支付方式处理等关机技术问题，覆盖电子商务活动的全过程。

1.5.2　系统功能

学校超市管理信息系统是该学院实现高校信息化的有机组成，属于学校服务管理信息系统中一个重要组成部分，是为了提高学校对学校超市商品管理、节约经营成本以及提高对人员管理的水平而设计开发的管理信息系统。系统设计的目标是简化商品销售及商品管理的工作量，提高超市工作效率、降低成本，方便学院对超市人员的管理，满足用户及时沟通需要，实现与学校其他管理信息系统协同工作。系统在投入使用后，取得了良好的效果和很好经济回报，该系统库存和进货的决策的智能化和自动化，给超市管理者的经营提供了有力的支持，大大降低了商品进货成本，随之销售价格的合理下降，使顾客得到了实惠，同时超市人员管理更加正规化，跟上了学院人事管理的步伐，提高了超市人员的工作积极性。

1.5.3　开发环境

以 Microsoft Visual Studio 2005 为前台主要开发工具，以 ASP.NET 作为开发技术，后台数据库采用微软强大的关系型数据 SQL Server 2005，该系统具有操作简单、界面友善、灵活性好、系统安全性高、运行稳定等特点。

------------ 习题 ------------

1．单项选择题

（1）ASP.NET 不能使用下面的＿＿＿＿＿＿＿语言进行开发。

A．VB.NET　　　　B．C++.NET　　　　C．C#　　　　D．JScript.NET

（2）ADO.NET 借用 XML 的力量来提供对数据的＿＿＿＿＿＿访问。

A．连续式　　　　B．集中式　　　　C．断开式　　　　D．循环式

（3）ASP.NET 应用程序＿＿＿＿＿＿＿.NET 框架。

A．可以使用大部分　　　　　　　　B．可以使用整个

C. 可以使用小部分   D. 不可以使用

（4）ASP．NET 页面_____。

A. 只限于用单一编程语言编写的代码

B. 可以多种编程语言混合编写代码

C. 既能单一语言编写，也可以多种语言混合编写代码

D. 视情况而定

（5）运行 ASP．NET 应用程序，以下哪个不是必需的？_____

A. Visual Studio．NET   B. ．Net Framework

C. IIS   D. MDAC

（6）在 Windows XP、Windows 2000、Windows 2003 操作系统下，安装．NET Framework 的步骤_____。

 A. 完全相同   B. Windows XP 与其他不同

 C. Windows 2000 与其他不同   D. Windows 2003 与其他不同

（7）在一个 ASP．NET 解决方案中，是否可以同时存在多个项目？_____

 A. 能   B. 不能

 C. 不能确定   D. 一个解决方案只能有一个项目

（8）ASP．NET 应用程序部署到其他服务器上时，其一程序源码（．cs 文件）是否需要复制？_____

 A. 需要   B. 不需要   C. 不能确定   D. 视情况而定

2. 填空题

（1）Microsoft．NET 是_____平台。

（2）ASP．NET 是一种_____技术，它是_____的一部分。

（3）以运行库为目标的代码称为_____，而不以运行库为目标的代码称为_____。

（4）．NET 框架具有两个主要组件：_____和_____。

（5）XML Web 服务提供了_____服务器功能的途径。

（6）要在 Visual Studio．NET 2003 中正常打开在其他计算机上编写的 ASP．NET 应用程序时，必须要保证项目中的．webinfo 文件指定的_____路径，与_____一致才行。

---------------------------- 实训 ----------------------------

实训项目：掌握 Visual Studio．NET 开发 ASP．NET 应用程序的方法。

实训性质：验证性。

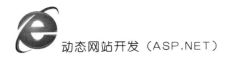

实训目的：

（1）熟练掌握 Visual Studio . NET 2005 的启动和退出方法。

（2）熟悉 Visual Studio . NET 2005 的集成开发环境。

（3）掌握建立、编辑、生成、运行简单 ASP . NET 应用程序的全过程和解决方案管理的有关操作。

（4）了解 ASP. NET 应用程序的常见错误类型，掌握常用的调试方法。

（5）掌握 ASP. NET 应用程序简单发布的方法。

实训环境：Windows XP、Visual Studio . NET 2005。

实训内容：

（1）启动 Visual Studio . NET 2005。

（2）熟悉 Visual Studio . NET 2005 集成开发环境中的菜单栏、解决方案资源管理器、类视图、工具箱、对象管理器、属性窗口、代码窗口、设计视图、HTML 视图等主要窗口。

（3）关闭解决方案资源管理器、类视图、工具箱、对象管理器、属性窗口、代码窗口、设计视图窗口，然后再将其显示出来。

（4）上机调试 1.4.2 节中例 1.1，初始页面名称取名为"default. aspx"，并生成解决方案，然后运行该应用程序，并在 IE 浏览器中查看结果。

项目二 C#编程基础

2.1 C#语言概述

2.1.1 C#与 C++、Java 的比较

1. C#与 C++ 的比较

C++的设计目标是低级的、与平台无关的面向对象编程语言，C#则是一种高级的面向组件的编程语言。向可管理环境的转变意味着编程方式思考的重大转变，C#不再处理细微的控制，而是让架构帮助处理这些重要的问题。例如，在 C++ 中，可以使用 new 在栈中、堆中、甚至是内存中的某一特定位置创建一个对象。

在 .NET 的可管理环境中，不用进行细微的控制。在选择了要创建的类型后，它的位置就是固定的。简单类型（int、double 和 long）的对象总是被创建在栈中（除非它们是被包含在其他的对象中），类总是被创建在堆中。通常人们无法控制对象是创建在堆中哪个位置的，也没有办法得到这个地址，不能将对象放置在内存中的某一特定位置。而且也不能控制对象的生存周期，因为 C#没有 destructor。碎片收集程序会将对象所占用的内存进行回收，但这是非显性地进行的。

正是 C#的这种结构反映了其基础架构，其中没有多重继承和模板，因为在一个可管理的碎片收集环境中，多重继承是很难高效地实现的。

C#中的简单类型仅仅是对通用语言运行库（CLR）中类型的简单映射，例如，C#中的 int 是对 System. Int32 的映射。C#中的数据类型不是由语言本身决定的，而是由 CLR 决定的。事实上，如果仍然想在 C#中使用在 VisualBasic 中创建的对象，就必须使自己的编程习惯更符合 CLR 的规定。

可管理环境最主要的优点是 . NET 框架。尽管在所有的 . NET 编程语言中都可以使用这种框架，但 C#可以更好地使用 . NET 框架中丰富的类、接口和对象。

2. C#与 Java 的比较

如果学习过 Java 语言，会发现 C#在很多方面也非常类似于 Java。Java 程序的执行以及 Java 语言的平台无关性，是建立在 Java 虚拟机 JVM 的基础上的，而 C#语言则需要 . NET 框架的支持。

C#看起来与 Java 有着惊人的相似：它包括了诸如单一继承和接口，与 Java 几乎同样的语法和编译成中间代码再运行的过程。但是 C#与 Java 有着明显的不同，它借鉴了 Delphi 的一个特点，与 COM（组件对象模型）是直接集成的，而且它是微软公司 . NET

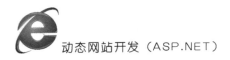

Windows 网络框架的主角。

C#和 Java 之间的主要相似点有如下几点：

（1）Java 和 C#都源于 C++，并且共有 C++的一些特征。

（2）两种语言都需要编译成中间代码，而不是直接编译成纯机器码。Java 编译成 Java 虚拟机（Java Virtual Machine，JVM）字节码，而 C#则编译成公共中间语言（Common Intermediate Language，CIL）。

（3）Java 字节码是通过称为 Java 虚拟机（JVM）的应用程序执行的。类似地，已编译的 C#程序由公共语言运行库（Common Language Runtime，CLR）执行。

（4）除了一些细微的差别以外，C#中的异常处理与 Java 非常相似。C#用 try…catch 构造来处理运行的错误（也称为异常），这和 Java 中是完全一样的。System. Exception 类是所有 C#异常类的基类。

（5）同 Java 一样，C#是强类型检查编程语言。编译器能够检测在运行时可能会出现问题的类型错误。

（6）同 Java 一样，C#提供自动垃圾回收功能，从而使编程人员避免了跟踪分配的资源。

（7）Java 和 C#都支持单一继承和多接口实现。

C#、C++和 Java 重要功能的比较，见表 2-1。

表 2-1 C#、C++和 Java 重要功能的比较

功能	C#	C++	Java
继承	允许继承单个类，允许实现多个接口	允许从多个类继承	允许继承单个类，允许实现多个接口
接口实现	通过"interface"关键词	通过抽象类	通过"interface"关键词
内存管理	由运行时环境管理，使用垃圾收集器	需要手工管理	由运行时环境管理，使用垃圾收集器
指针	支持，但只在很少使用的非安全模式下才支持。通常以引用取代指针	支持，一种很常用的功能	完全不支持，代之以引用
源代码编译后的形式	. NET 中间语言（IL）	可执行代码	字节码
单一的公共基类	是	否	是
异常处理	异常处理	返回错误	异常处理

2.1.2 C#的 Hello World 程序

下面来编写 C# Hello World 程序，其操作步骤如下。

（1）启动 Visual Studio 2005，显示如图 2.1 所示的窗口，在窗口中选择"文件"→"新建"→"项目"命令，弹出如图 2.2 所示的"新建项目"对话框。

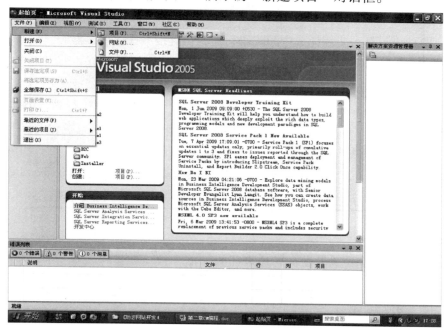

图 2.1　"起始页 – Microsoft Visual Studio" 窗口

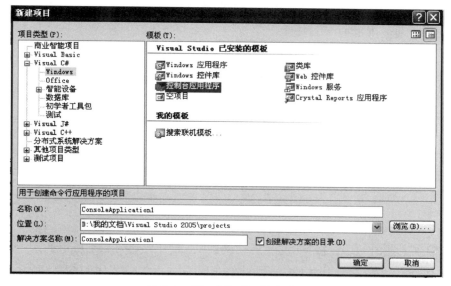

图 2.2　Visual Studio 新建项目

（2）在图 2.2 中"项目类型"列表框中选择"Windows"，在"模板"列表框中选择"控制台应用程序"，控制台应用程序运行界面是在 DOS 状态下的，系统默认的名称为"ConsoleApplication1"，该名称可以修改，同样程序存盘的位置也可以自已设定。完成后单击"确定"屏幕显示如图 2.3 所示的窗口。

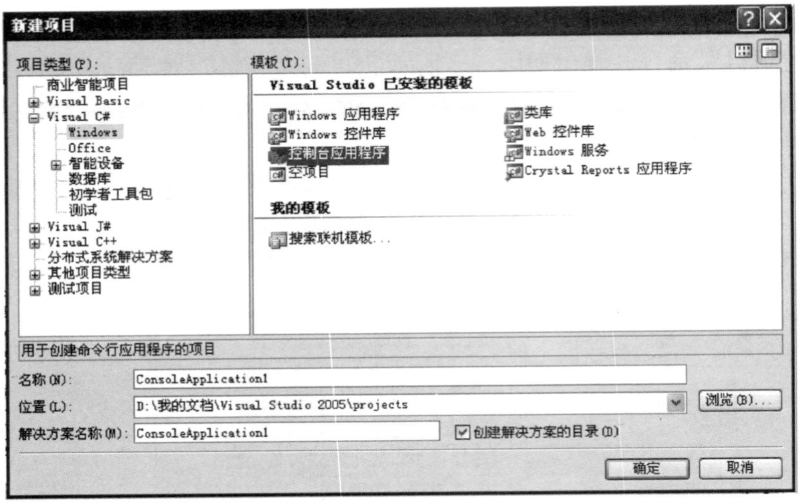

图 2.3 C#程序编辑窗口

（3）在编辑窗口中输入下列语句：（系统提供部分通用语句，在原有的语句上修改）

```csharp
using System;
using System. Collections. Generic;
using System. Text;
namespace ConsoleApplication1
    {
    class Program
        {
        static void Main (string [ ] args)
            {

            Console. WriteLine (" My first C#");
            Console. Read ();
            }
        }
    }
```

（4）输入上述语句后，按 F5 键（启动调试），即可看到图 2.4 所示的运行结果，屏幕在 DOS 状态下显示"My first C#"；到此就完成了第一个 C#程序的编制和运行。

在编写代码的过程中，系统会出现相应的提示，也可以按 Ctrl + J 组合键来获得代码提示，以帮助快速正确地完成输入。完成后按 F5 键，如果语句有错，屏幕会出现提示，在第几行有错。如果系统不能正确进行调试，可以选择"项目"→"属性"→"调试"命令，取消选择"启用 Visual Studio 宿主进程"，即把勾去掉，这样就可以正常调试。

图 2.4　C#运行结果

C#程序的开发方式还可以使用文本编辑器编写程序代码，然后以 .cs 为后缀名保存源文件，并用命令行编辑进行编译。

在编写程序时需要注意以下几点：

● 与 C 和 C++相同，C#对于大小写是敏感的，C 使用分号作为分隔符来终止每条语句

● Main（）是程序的入口点，每个程序都必须含有一个 Main（）方法。

● C#单行注释可以使用"//"来标注，注释内容到本行结束为止。如果需要多行注释，可以将注释内容使用"/*"和"*/"括起来即可。

2.2　C#数据类型

C#语言的类型划分为两大类，值类型和引用类型。值类型包括简单类型（如 char、int 和 float）、枚举类型和结构类型。引用类型包括类（Class）类型、接口类型、委托类型和数组类型。

值类型与引用类型的不同之处在于：值类型的变量直接包含其数据，而引用类型的变量存储对其数据的引用，后者称为对象。对于引用类型，两个变量可能引用同一个对象，因此对一个变量的操作可能影响另一个变量所引用的对象。对于值类型，每个变量都有自己的数据副本，对一个变量的操作不可能影响另一个变量。

2.2.1　值类型

值类型的组成如图 2.5 所示。

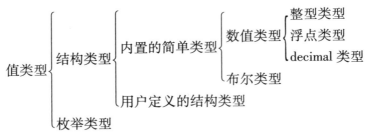

图 2.5   值类型组成

1. 整型类型

表 2-2 显示了整型的大小和范围，这些类型构成了简单类型的一个子集。

表 2-2   整型类型及值范围

类型	数值范围	大小
sbyte	-128 ~ 127	有符号 8 位整数
byte	0 ~ 255	无符号 8 位整数
char	U + 0000 ~ U + ffff	16 位 Unicode 字符
short	-32 768 ~ 32 767	有符号 16 位整数
ushort	0 ~ 65 535	无符号 16 位整数
int	-2 147 483 648 ~ 2 147 483 647	有符号 32 位整数
uint	0 ~ 4 294 967 295	无符号 32 位整数
long	-9 223 372 036 854 775 808 ~ 9 223 372 036 854 775 807	有符号 64 位整数
ulong	0 ~ 18 446 744 073 709 551 615	无符号 64 位整数

注意：如果整数表示的值超出了 ulong 的范围，将产生编译错误。

2. 浮点类型

表 2-3 显示了浮点型的精度和大致范围。

表 2-3   浮点类型及值范围

类型	大致范围	精度
float	$\pm 1.5 \times 10^{-45} \sim \pm 3.4 \times 10^{38}$	7 位
double	$\pm 5.0 \times 10^{-324} \sim \pm 1.7 \times 10^{308}$	15 ~ 16 位

3. decimal 类型

decimal 关键字表示 128 位数据类型。同浮点型相比，decimal 类型具有更高的精度和更小的范围，这使它适合于财务和货币计算。

decimal 类型的大致范围和精度见表 2-4。

表 2-4   decimal 类型及值范围

类型	大致范围	精度	.NET 框架类型
decimal	$\pm 1.0 \times 10^{-28} \sim \pm 7.9 \times 10^{28}$	28 ~ 29 位有效位	System.Decimal

如果希望实数被视为 decimal 类型，请使用后缀 m 或 M，例如：

decimal myMoney = 300.5m；

如果没有后缀 m，该数字将被视为 double，从而导致编译器错误。

整型被隐式转换为 decimal，其计算结果为 decimal。因此，可以用整数初始化十进制变量而不使用后缀，例如：

decimal myMoney = 300；// 整数 300 被隐式转换为 decimal 类型

在浮点型和 decimal 类型之间不存在隐式转换；因此，必须使用显式转换在这两种类型之间进行转换。例如：

decimal myMoney = 99.9m；// 定义一个 decimal 类型的变量 myMoney

double x = （double）myMoney；// decimal 类型的值显式转换为 double 类型

myMoney = （decimal）x；// double 类型的值显式转换为 decimal 类型

还可以在同一表达式中兼用 decimal 和数值整型。但是，不进行显式转换即兼用 decimal 和浮点型将导致编译错误。

4. 布尔类型

布尔类型表示布尔逻辑量。布尔类型的可能值为 true 和 false。

在布尔类型和其他类型之间不存在标准转换。具体来说，布尔类型与整型截然不同，不能用布尔值代替整数值，反之亦然。

在 C 语言和 C++语言中，零整数或浮点值或空指针可以转换为布尔值 false，非零整数或浮点值或非空指针可以转换为布尔值 true。在 C#中，这种转换是通过显式地将整数或浮点值与零进行比较，或者显式地将对象引用与 null 进行比较来完成的。

5. 结构类型

结构类型是一种值类型，它可以声明常数、字段、方法、属性、索引器、运算符、实例构造函数、静态构造函数和嵌套类型。

结构类型与类类型相似，都表示可以包含数据成员和函数成员的数据结构。但是，与类类型不同，结构类型是一种值类型，并且不需要堆分配。结构类型的变量直接包含结构的数据，而类类型的变量包含对数据的引用（后者称为对象）。

与类不同，结构不允许声明无参数实例构造函数。实际上，每个结构类型都隐式地含有一个无参数实例构造函数，该构造函数始终返回通过如下方式得到的值：将所有的值类型字段设置为它们的默认值，并将所有引用类型字段设置为 null。

例如：定义结构类型

```
public struct Point
{
public int x, y;
public Point （int x, int y）
{
this.x = x;
this.y = y;
```

}
}

实例化结构类型变量

Point p1 = new Point ( );

// 使用结构类型隐式包含的无参数的实例构造函数对 p1 进行实例化，所有的值被置为该值类型

// 的初始值

Point p2 = new Point (10, 20); // 使用结构类型带参数的构造函数实例化

6. **枚举类型**

枚举类型是一种独特的值类型，它用于声明一组命名的常数。

enum 关键字用于声明枚举，即一种由一组称为枚举数列表的命名常数组成的独特类型。每种枚举类型均有一种基础类型，此基础类型可以是除 char 类型外的任何整型。

枚举元素的默认基础类型为 int。默认情况下，第一个枚举数的值为 0，后面每个枚举数的值依次递增 1。例如：

num Days {Mon, Tue, Wed, Thu, Fri , Sat, Sun};

在此枚举中，Sat 为 0，Sun 为 1，Mon 为 2，依此类推。枚举数可以具有重写默认值的初始值设定项。例如：

num Days {Mon =1, Tue, Wed, Thu, Fri, Sat, Sun };

在此枚举中，强制元素序列从 1 而不是 0 开始。

访问枚举元素也非常简单，例如：

int a = (int) Days. Mon; // 结果：a =1

int b = (int) Days. Sun; // 结果：b =7

case Days. Mon: // 在 case 语句中也可使用枚举类型元素

2.2.2 引用类型

引用类型的变量又称为对象，可存储对实际数据的引用。引用类型包括：类类型、接口类型、数组类型、委托类型，以及内置引用类型，其中内置引用类型又包括对象类型和 String 类型，如图 2.6 所示。

- 引用类型
  - 内置引用类型
    - 对象类型
    - String 类型
  - 类类型
  - 接口类型
  - 委托类型
  - 数组类型

图 2.6　引用类型组成

1. 类类型

类类型定义包含数据成员、函数成员和嵌套类型的数据结构，其中数据成员包括常数和字段，函数成员包括方法、属性、事件、索引器、运算符、实例构造函数、析构函数和静态构造函数。类类型支持继承，继承是派生类可用来扩展基类的一种机制。类类型的实例是用对象创建表达式创建的。

与 C++不同，C#中仅允许单个继承。也就是说，类只能从一个基类继承实现。但是，一个类可以实现一个以上的接口。表 2-5 给出了类继承和接口实现的一些示例。

表 2-5 类继承和接口实现的示例

继承	示例
无	class ClassA {}
单个	class DerivedClass：BaseClass {}
无，继承两个接口	class ImplClass：IFace1，IFace2 {}
单个，继承一个接口	class ImplDerivedClass：BaseClass，IFace1 {}

表 2-6 预定义类类型在 C#语言中的特殊含义

类类型	说明
System. Object	所有其他类型的最终基类
System. String	C#语言的字符串类型
System. ValueType	所有值类型的基类
System. Enum	所有枚举类型的基类
System. Array	所有数组类型的基类
System. Delegate	所有委托类型的基类
System. Exception	所有异常类型的基类

下面例子说明类类型的定义及使用。

【例 2.4】Kid 类包含：属性 age、name，默认的构造函数 Kid（），构造函数 Kid（string name，int age）以及方法 PrintKid（）。

程序名称：ch2-4.cs

```
using System；
public class Kid
{
private int age；
private string name；
// 默认的构造函数
public Kid（）
{
name = " N/A"；
}// 构造函数
public Kid（string name，int age）
{
```

```
this. name = name;
this. age = age;
}
// 打印方法
public void PrintKid ( )
{
Console. WriteLine ( " {0} , {1} years old. " , name , age ) ;
}
}
public class ch2 - 4
{
public static void Main ( )
{
// 使用 new 操作符实例化对象
Kid kid1 = new Kid ( " Craig" , 11 ) ;
Kid kid2 = new Kid ( " Sally" , 10 ) ;
// 使用默认的构造函数实例化对象
Kid kid3 = new Kid ( ) ;
// 显示结果
Console. Write ( " Kid #1 : " ) ;
kid1. PrintKid ( ) ;
Console. Write ( " Kid #2 : " ) ;
kid2. PrintKid ( ) ;
Console. Write ( " Kid #3 : " ) ;
kid3. PrintKid ( ) ;
}
}
```

程序运行结果如图 2.7 所示。

```
E:\CH02>csc ch2-4.cs
Microsoft (R) Visual C# .NET 编译器版本 7.10.6001.4
用于 Microsoft (R) .NET Framework 版本 1.1.4322
版权所有 (C) Microsoft Corporation 2001-2002。保留所有权利。


E:\CH02>ch2-4
Kid #1: Craig, 11 years old.
Kid #2: Sally, 10 years old.
Kid #3: N/A, 0 years old.

E:\CH02>
```

图 2.7　程序 ch2 - 4 运行结果

2. 接口类型

一个接口定义一个协定。实现接口的类或结构必须遵守其协定。一个接口可以从多个基接口继承，而一个类或结构可以实现多个接口。

接口可以包含方法、属性、事件和索引器。接口本身不提供它所定义的成员的实现。接口只指定实现该接口的类或结构必须提供的成员。

例如：

```
interface IEnglishDimensions
{
float eLength ( );
float eWidth ( );
}
```

一个类可以实现一个以上的接口。例如：

```
class Box : IEnglishDimensions, IMetricDimensions
```

3. 委托类型

C#中的委托（delegate）类似于 C 或 C++ 中的函数指针。使用委托使程序员可以将方法引用封装在委托对象内。然后可以将该委托对象传递给可调用所引用方法的代码，而不必在编译时知道将调用哪个方法。与 C 或 C++ 中的函数指针不同，委托是面向对象、类型安全的。

委托声明定义一个从 System. Delegate 类派生的类，它用一组特定的参数以及返回类型封装方法。对于静态方法，委托对象封装要调用的方法。对于实例方法，委托对象同时封装一个实例和该实例上的一个方法。如果有一个委托对象和一组适当的参数，则可以用这些参数调用该委托。

【例2.5】以下程序说明了委托（delegate）是如何使用的。

程序名称：ch2 - 5. cs

```
using System;
// 定义委托 MyDelegate
delegate void MyDelegate ( );
// 定义类 MyClass
public class MyClass
{
// 定义类的实例方法
public void InstanceMethod ( )
{
Console. WriteLine ( " A message from the instance method. " );
}
// 定义类的静态方法
```

```
static public void StaticMethod ( )
{
Console. WriteLine（" A message from the static method. "）;
}
}
public class MainClass
{
static public void Main ( )
{
// 创建类 MyClass 的实例对象
MyClass p = new MyClass ( );
// 映射委托（MyDelegate）到类的实例方法，注意必须使用类的实例对象 p 进行引用
MyDelegate d = new MyDelegate（p. InstanceMethod）;
d ( );
// 映射委托（MyDelegate）到类的静态方法，注意使用类名称 MyClass 本身进行引用
d = new MyDelegate（MyClass. StaticMethod）;
d ( );
}
}
```

程序运行结果如图 2.8 所示。

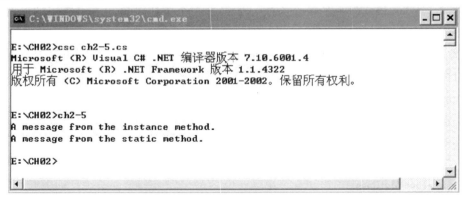

图 2.8　程序 ch2 - 5 运行结果

4. **数组类型**

　　数组是一种数据结构，它包含若干称为数组元素的变量。数组元素通过计算所得的索引访问。C#数组从零开始建立索引，即数组索引从零开始。所有数组元素必须为同一类型，该类型称为数组的元素类型。数组元素可以是任何类型，包括数组类型。数组可以是一维数组或多维数组。数组类型是从抽象基类型 System. Array 派生的引用类型。

　　C#中数组的工作方式与在大多数其他流行语言中的工作方式类似，但还有一些差异

应引起注意。声明数组时，方括号"［ ］"必须跟在类型后面，而不是标识符后面。在C#中，将方括号放在标识符后是不合法的语法。

int ［ ］ table; // 正确定义数组

int table ［ ］; // 错误定义数组

另一细节是，数组的大小不是其类型的一部分，而在 C 语言中它却是数组类型的一部分。可以声明一个数组并向它分配 int 对象的任意数组，而不管数组长度如何。

int ［ ］ numbers; // 定义一个任意长度的整型数数组

numbers = new int ［10］; // 定义一个 10 个元素的整型数数组

5. 对象类型

object（对象）类型在 . NET 框架中是 System. Object 的别名。可将任何类型的值赋给 object 类型的变量。所有数据类型无论是预定义的还是用户定义的，均从 System. Object 类继承。object 数据类型是同对象进行相互已装箱的类型。

例如：

object a;

a = 1; // 一个利用 object 对象装箱的例子

6. string 类型

string 类型表示一个 Unicode 字符的字符串。string 是 . NET 框架中 System. String 的别名。尽管 string 是引用类型，但相等运算符（ = = 和 ！ =）被定义为比较 string 对象（而不是引用）的"值"。这使得对字符串相等性的测试更为直观。

例如：

string a = " \ u0068ello ";

string b = " world";

Console. WriteLine（ a + b ）; // 返回 hello world

Console. WriteLine（ a + b = = " hello world" ）; // 返回 true

2.3 命名空间

2.3.1 命名空间（namespace）简介

namespace 关键字用于声明一个范围。此命名空间范围允许组织代码并提供了创建全局唯一类型的方法。即使未显式声明命名空间，也会创建默认命名空间。该未命名的命名空间（有时称为全局命名空间）存在于每一个文件中。全局命名空间中的任何标识符都可用于命名的命名空间中。

命名空间隐式具有公共访问权，并且这是不可修改的。在两个或更多的声明中定义一个命名空间是可以的。

例如：

namespace SomeNameSpace

2.3.2　using 指令

using 指令用于创建命名空间的别名或导入在其他命名空间中定义的类型。

例如：

　　using System. Data；// 导入命名空间 System. Data

　　using MyAlias = MyCompany. Proj. Nested；// 定义命名空间的别名

2.4　控制语句

无论何种程序语言，编写时最重要的就是要了解应和程序的控制结构，控制结构是通过控制语句来实现的，控制语句包括选择语句和循环语句。

C#主要的选择控制语句有：if 语句、？条件和 switch 语句。

2.4.1　选择语句

1. if – else 语句

if 语句根据布尔表达式的值选择要执行的语句。C#的 if – else 语句语法与 C/C＋＋、Java 的一样。

if 语句有如下 2 种：

格式一：

if（条件）

{

　语句 1；

}

else

{

　语句 2；

}

格式二：

if（条件 1）

{

　语句 1；

}

else if（条件 2）

　{

　语句 2；

　}

　else

```
    {
    语句 3；
    }
下面是一个实例：
using System；
namespace ConsoleApplication1
{
    class Class3
    {
    public static void Main（）
        {
        string myInput；
        int myInt；
        Console. WriteLine（" Please enter a Mark："）；
        myInput = Console. ReadLine（）：
        myInt = Int32. Parse（myInput）；
        if（ myInt > = 90）
        {
            Console. WriteLine（" Excellence"）；
            Console. Read（）；
        }
        else if（myInt > = 60）
            {
            Console. WriteLine（" Pass"）；
            Console. Read（）：
            }
            else
            {
            Console. WriteLine（" Unpass"）；
            Console. Read（）；
            }
        }
    }
}
```

第 1 条语句说明正在使用"System"这个命名空间，第 2 条语句定义了一个空间，名为 ConsoleApplication1。第 4 条语句使用一个类：Class3。

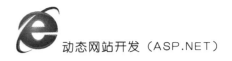

第 6 条语句中的方法名"Main"为程序的起点。同样，"Main"前面是个名为"static"的修饰符，返回值类型是"void"，即 Main 函数没有返回值。

程序中定义了一个变量，一个为字符串（string），另一个为数值型（int）。myInput = Console. ReadLine（）是读入输入的数据，由于该方法接收的是字符串，myInt = Int32. Parse（myInput）；是将它转化为整值型。

编写完成后存盘，并按 F5 键，屏幕提示请输入分数"Please enter a Mark："，当输入分数大于等于 90 分时屏幕显示"Excellence"，小于 90 分而大于 60 分则显示"Pass"，小于 60 分则显示"Unpass"。

2. ？条件控制语句

使用？条件控制语句，可以使程序更加精练，使用方法如下：

条件？语句 1：语句 2

等价于

if（条件）

　　语句 1；

else

　　语句 2；

上例 if 控制语句改成以下一条语句就可以完成：

Console. WriteLine（（myInt > =90）?"Excellence"：（myInt > =60）?"Pass":"Upass"）；

注意：此处作用了两个?，即两个条件判断，第二个? 实际上是不符合第一条判断要求后的再次判断。

3. switch 语句

switch 语句是一个控制语句，它通过将控制传递给其体内的一个 case 语句来处理多个选择。

switch 语句基本语法如下：

```
switch（）
{
  case 常量表达式 1：
    语句 1；
  case 常量表达式 2：
    语句 2；
  break；
  …
  default：
    语句 N；
  break；
```

}

　　执行以下实例后，可以按屏幕输入一个1－3的数字，输入不同的数字后产生不同的结果。

```
using System;
class Class3
{
public static void Main ( )
{
    string myInput;
    int myInt;
    string a1 = " Wang Ming";
    string a2 = " 20";
    string a3 = " SSPU";
    for ( ; ; )
      {
      Console. WriteLine ( " 1 - - - - - - - Your Name:" );
      Console. WriteLine ( " 2 - - - - - - - Your Age:" );
      Console. WriteLine ( " 3 - - - - - - - Your School:" );
      Console. WriteLine ( " Please enter a number between 1 and 3:" );
      myInput = Console. ReadLine ( );
      myInt = Int32. Parse ( myInput );
      switch ( myInt )
        {
        case 1:
          Console. WriteLine ( " Your Name is {0} .", a1 );
          break;
        case 2:
          Console. WriteLine ( " Your Age is {0} .", a2 );
          break;
        case 3:
          Console. WriteLine ( " Your School is {0} .", a3 );
          break;
        Default:
          Console. WriteLine ( " Your number {0} is not between 1 and 3. ", myInt );
          break;
        }
```

```
Console. Write （" Type Enter to go on or \ " q \ " to stop:"）;
myInput = Console. ReadLine （）;
switch （myInput）
{
    case " q"：
        Console. WriteLine （" Bye"）;
        Console. Read （）;
        return;
    }
}
}
}
```

执行结果显示窗口如图 2.9 所示。

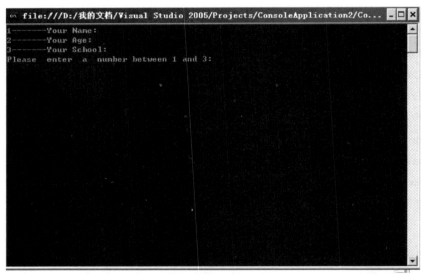

图 2.9　结果显示窗口

2.4.2　循环语句

1. for 循环语句

当预先知道一个内含语句要执行多少次时，可以使用 for 语句。当条件为真时，常规语法允许重复地执行相关语句。

for 语句格式如下：

　　for （初始化；条件；循环增量）

　　　　语句

利用 break 或 goto 可以跳出循环，如 for （；；）为无条件循环，只有使用 break 或 goto 可以跳出。可以同时加入多条由逗号隔开的语句到 for 循环的 3 个参数中。

　　for 循环重复执行一个语句或一个语句块，直到指定的表达式求得 false 值为止。

　　例如：

```
for (int i = 1; i < = 5; i + +)
System. Console. WriteLine (i);
```

　　例如：

　　以下的例子是找出 1 ~ 100 的素数，其中用了两个 for 循环。

```
using System;
namespace hello
{
    Public class Hello
      {
        Public static void Main ()
          {
            int a, b;
            for (a = 2; a < 101; a + +)
              {
                for (b = 2; b < = a/2; b + +)
                  {
                    If (a%b = = 0)
                      break;
                  }
                if (b > = a/2)
                Console. Write (" {0}", a);
              }
          }}
```

2. do 循环语句

do 语句重复执行一个语句或一个语句块，直到指定的表达式求得 false 值为止。

例如：

```
int n = 10;
do
{
Console. WriteLine (" Current value of n is {0}", n);
n + +;
while (n < 6);
}
```

3. foreach 语句

foreach 语句为数组或对象集合中的每个元素重复一个嵌入语句组。foreach 语句用于循环访问集合以获取所需信息，但不应用于更改集合内容以避免产生不可预知的副作用。

例如：

```
int odd = 0, even = 0;
int [ ] arr = new int [ ] {0, 1, 2, 5, 7, 8, 11};
foreach (int i in arr)
{
if (i%2 = = 0)
even + +;
else
odd + +;
}
Console. WriteLine (" 找到 {0} 个奇数, 和 {1} 个偶数", odd, even);
```

结果为：找到 4 个奇数，3 个偶数。

4. while 循环语句

while 实际是一个内含条件语句，在符合条件的情况下运行其中的语句而不计次数。可能使用 break 和 continue 语句来控制 while 语句中的执行状况语句，它的运行方式同在 for 语句中的完全相同。条件语句也是一个布尔表达式，控制内含语句被执行的次数。

while 语句执行一个语句或一个语句块，直到指定的表达式求得 false 值为止。

```
using System;
namespace ConsoleApplication1
{
class Class1
{
  Static void Main ()
  {
    int s = 0;
    int a = 1;
    while (a < = 100)
     {
      s + = a;
      a + +;}
    Console. WriteLine (" 1 + 2 + 3…至 100 之和是 {0}", s);
    Console. Read ();
  }
```

```
    }
}
```

运行结果如图 2.10 所示。

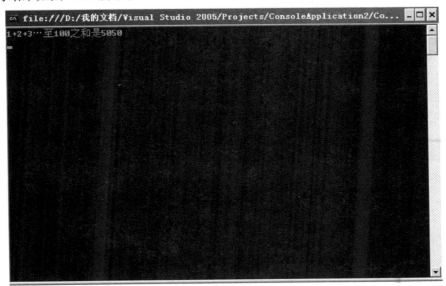

图 2.10 结果显示窗口

2.4.3 跳转语句

1. break 语句

break 语句终止它所在的最近的封闭循环或 switch 语句。控制传递给终止语句后面的语句。

2. continue 语句

continue 将控制传递给它所在的封闭迭代语句的下一个迭代。

3. goto 语句

goto 语句将程序控制直接传递给标记语句。在编程中不推荐使用 goto 语句。

4. return 语句

return 语句终止它出现在其中的方法的执行并将控制返回给调用方法。

2.5 C#面向对象程序设计

2.5.1 类的声明

类声明是一种类型声明，它用于声明一个新类。类声明的组成方式如下：先是一组属性（可选），后跟一组类修饰符（可选），然后是关键字 class 和一个用来命名该类的标识符，接着是一个类基规范（可选），最后还可添加一个分号（可选）。

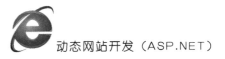

例如：

public class MyClass：MyBaseClass ｛｝ //声明一个新类 MyClass，基类为 MyBaseClass

2.5.2 类的构造函数与析构函数

1. 类的构造函数

类的构造函数分为实例构造函数、私有构造函数以及静态构造函数3种。

（1）实例构造函数

创建新对象时将调用类构造函数，例如，Point myPoint = new Point ()；一个类可以有多个构造函数。例如，可以声明一个不带参数的构造函数［如 Point ()］和一个带参数的构造函数［如 Point (int x，int y)］。如果类没有构造函数，系统将自动生成一个默认的无参数构造函数，并使用默认值初始化对象字段，例如，int 将初始化为0。

例如：一个类声明不带参数和构造函数和一个带参数的构造函数。

```
class Point
｛
public int x，y；
// 默认的构造函数
public Point ()
｛
x = 0；
y = 0；
｝
// 带两个参数的构造函数
public Point (int x，int y)
｛
this. x = x；
this. y = y；
｝
｝
```

调用不同的构造函数实例化对象。

Point p1 = new Point ()；// 调用类的无参数构造函数实例化对象，结果：x = 0、y = 0

oint p2 = new Point (5，3)；// 调用类的带参数构造函数实例化对象，结果：x = 5、y = 3

P

（2）私有构造函数

私有构造函数是一种特殊的实例构造函数。它通常用在只包含静态成员的类中。如果类具有一个或多个私有构造函数而没有公共构造函数，则不允许其他类（除了嵌套类）创建该类的实例。

声明空构造函数可阻止自动生成默认构造函数。注意，如果不对构造函数使用访问修饰符，则在默认情况下它仍为私有构造函数。但是，通常显式地使用 private（私有）修饰符来清楚地表明该类不能被实例化。当没有实例字段或实例方法（如 Math 类）或调用方法以获得类的实例时，私有构造函数可用于阻止创建类。

例如：一个类声明空的私有构造函数，表明该类不能被实例化。

```
public class MyClass
{
private MyClass ( ) {}
public static int counter;
public static int IncrementCounter ( )
{
return + + counter;
}
}
```

如果这个类进行实例化对象将出错。

```
// MyClass myObject = new MyClass ( ); // 实例化对象将出错
MyClass. counter = 100;
MyClass. IncrementCounter ( );
```

（3）静态构造函数

静态构造函数用于初始化类。在创建第一个实例或引用任何静态成员之前，将自动调用静态构造函数来初始化类。

静态构造函数既没有访问修饰符，也没有参数。在创建第一个实例或引用任何静态成员之前，将自动调用静态构造函数来初始化类。无法直接调用静态构造函数。在程序中，用户无法控制何时执行静态构造函数。

静态构造函数的典型用途是：当类使用日志文件时，将使用这种构造函数向日志文件中写入。

例如：使用静态构造函数的例子。

```
using System;
class MyClass
{
// 静态构造函数
static MyClass ( )
{
Console. WriteLine ( " 静态构造函数被调用");
}
```

```
// 静态方法
public static void MyMethod ()
{
Console. WriteLine (" MyMethod 静态方法被调用");
}
}
class MainClass
{
static void Main ()
{
MyClass. MyMethod (); // 调用类的静态方法时，将自动调用静态构造函数
}
}
```

2. 类的析构函数

析构函数用于销毁类的实例。一个类只能有一个析构函数。无法调用析构函数。它们是被自动调用的。析构函数既没有修饰符，也没有参数。无法继承或重载析构函数。不能对结构使用析构函数。只能对类使用析构函数。

例如：

```
class First
{
~ First ()
{
Console. WriteLine (" First's destructor is called");
}
}
```

2.5.3 继承

一个类继承它的直接基类的成员。继承意味着一个类隐式地把它的直接基类的所有成员当作自己的成员，但基类的实例构造函数、静态构造函数和析构函数除外。继承的一些重要性质如下：

（1）继承是可传递的。如果 C 从 B 派生，而 B 从 A 派生，那么 C 就会既继承在 B 中声明成员，又继承在 A 中声明的成员。

（2）派生类扩展它的直接基类。派生类可以向它继承的成员添加新成员，但是它不能移除继承成员的定义。

（3）实例构造函数、静态构造函数和析构函数是不可继承的，但所有其他成员是可继承的，无论它们所声明的可访问性如何。但是，根据它们所声明的可访问性，有些继

承成员在派生类中可能是无法访问的。

（4）派生类可以通过声明具有相同名称或签名的新成员来隐藏那个被继承的成员。但是，隐藏继承成员并不会移除该成员，它只是使被隐藏的成员在派生类中不可直接访问。

（5）类的一个实例含有在该类中以及它的所有基类中声明的所有实例字段的集合，并且存在一个从派生类类型到它的任一基类类型的隐式转换。因此，可以将对某个派生类实例的引用视为对它的任一个基类实例的引用。

（6）类可以声明虚拟方法、属性和索引器，而派生类可以重写这些函数成员的实现。这使类展示出"多态性行为"特征，也就是说，同一个函数成员调用所执行的操作可能是不同的，这取决于用来调用该函数成员的实例的运行时类型。

【例2.7】类的声明以及类的继承例子。

程序名称：ch2 – 7. cs

```
Using System;
public class ParentClass
{
// 基类构造函数
public ParentClass ( )
{
Console. WriteLine ( " Parent Constructor. " );
}
// 基类 print ( ) 成员函数
public void print ( )
{
Console. WriteLine ( " Iḿ a Parent Class. " );
}
}
public class ChildClass : ParentClass
{
// 派生类构造函数
public ChildClass ( )
{
Console. WriteLine ( " Child Constructor. " );
}
public static void Main ( )
{
ChildClass child = new ChildClass ( );
child. print ( );
```

```
        }
    }
```

程序运行结果如图 2.11 所示。

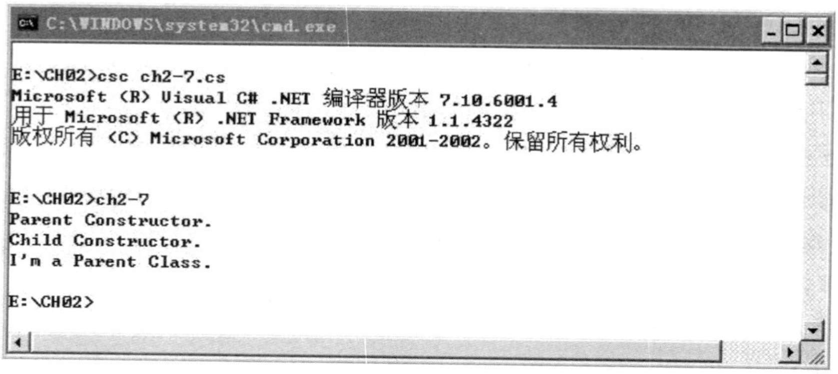

图 2.11　程序 ch2 – 7 运行结果

2.5.4　修饰符介绍

1. 访问修饰符

访问修饰符是一些关键字，用于指定声明的成员或类型的可访问性。

当可以访问某个成员时，就说该成员是可访问的。否则，该成员就是不可访问的。使用访问修饰符 public、protected、internal 或 private，可以为成员指定以下声明的可访问性之一，见表 2 – 8。

表 2 – 8　可访问修饰符

声明的可访问性	意义
public	访问不受限制
protected	访问仅限于包含类或从包含类派生的类型
internal	访问仅限于当前程序集
protected internal	访问仅限于从包含类派生的当前程序集或类型
private	访问仅限于包含类型

对于成员或类型只能有一个访问修饰符（protected internal 组合除外）。命名空间上不允许使用访问修饰符。命名空间没有访问限制。根据发生成员声明的上下文，只允许某些声明的可访问性。如果在成员声明中未指定访问修饰符，则使用默认的可访问性。类成员变量未指定访问修饰符，则默认为 private。

例如：

```
class Employee
{
public string name = " xx"; // public 访问修饰符
```

46

```
double salary = 100.00; // 类成员变量未指定访问修饰符，则默认为 private
public double AccessSalary () // public 访问修饰符
{
return salary;
}
}
class MyClass
{
protected int x; // protected 访问修饰符
protected int y;
}
class MyDerivedC：MyClass
{
// 在派生类中访问 protected 成员 x、y
}
```

2. abstract 修饰符

abstract（抽象）修饰符可以和类、方法、属性、索引器及事件一起使用。在类声明中使用 abstract 修饰符以指示类只能是其他类的基类。

（1）抽象类的特性。

①抽象类不能实例化。

②抽象类可以包含抽象方法和抽象访问器。

③不能用 sealed 修饰符修改抽象类，这意味着该类不能被继承。

从抽象类派生的非抽象类必须包括继承的所有抽象方法和抽象访问器的实现。在方法或属性声明中使用 abstract 修饰符以指示此方法或属性不包含实现。

（2）抽象方法的特性。

①抽象方法是隐式的 virtual 方法。

②只允许在抽象类中使用抽象方法声明。

③因为抽象方法声明不提供实现，所以没有方法体；方法声明只是以一个分号结束，并且在签名后没有大括号"｛｝"。

例如：

```
public abstract void MyMethod ();
```

④实现由 overriding 方法提供，它是非抽象类的成员。

⑤在抽象方法声明中使用 static 或 virtual 修饰符是错误的。

【例 2.8】抽象类及抽象方法的例子。

程序名称：ch2 - 8. cs

```
using System;
```

```
abstract class MyBaseC // 抽象类
{
protected int x = 100;
protected int y = 150;
public abstract void MyMethod (); // 抽象方法声明
public abstract int GetX // 抽象属性声明
{
get;
}
public abstract int GetY // 抽象属性声明
{
get;
}
}
class MyDerivedC: MyBaseC
{
public override void MyMethod () // 抽象方法的实现
{
x + +;
y + +;
}
public override int GetX // 抽象属性的实现
{
get
{
return x + 10;
}
}
public override int GetY // 抽象属性的实现
{
get
{
return y + 10;
}
}
public static void Main ()
```

```
{
MyDerivedC mC = new MyDerivedC ();
mC. MyMethod ();
Console. WriteLine (" x = {0}, y = {1}", mC. GetX, mC. GetY);
}
}
```

程序运行结果如图 2.12 所示。

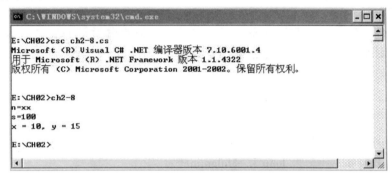

图 2.12　程序 ch2 - 8 运行结果

3. override 修饰符

使用 override 修饰符来修改方法、属性、索引器或事件。重写方法提供从基类继承的成员的新实现。由重写声明重写的方法称为重写基方法。重写基方法必须与重写方法具有相同的签名。不能重写非虚方法或静态方法。重写基方法必须是虚拟的、抽象的或重写的。重写声明不能更改虚方法的可访问性。重写方法和虚方法必须具有相同的访问级修饰符。不能使用修饰符：new、static、virtual、abstract 修改重写方法。

例如：

```
public class Person // 定义基类
{
protected string ssn = " 444 - 55 - 6666";
protected string name = " John L. Malgraine";
public virtual void GetInfo () // 在基类中定义虚方法
{
Console. WriteLine (" Name：{0}", name);
Console. WriteLine (" SSN：{0}", ssn);
}
}
class Employee：Person // 定义派生类
{
public string id = " ABC567EFG";
```

```
public override void GetInfo ( )
// 在派生类中重写基类中的虚方法，必须使用 override
{
base. GetInfo ( ) ;
Console. WriteLine ( " Employee ID：{0}" , id ) ;
}
}
```

4. new 修饰符

使用 new 修饰符显式隐藏从基类继承的成员。若要隐藏继承的成员，请使用相同名称在派生类中声明该成员，并用 new 修饰符修饰它。

请看下面定义的基类。

```
public class Person // 定义基类
{
protected string ssn = " 444 – 55 – 6666";
protected string name = " John L. Malgraine";
public void GetInfo ( ) // 在基类中定义方法 GetInfo ( )
{
Console. WriteLine ( " Name：{0}" , name ) ;
Console. WriteLine ( " SSN：{0}" , ssn ) ;
}
}
```

在派生类中用 GetInfo 名称声明成员会隐藏基类中的 GetInfo 方法。

```
class Employee：Person // 定义派生类
{
public string id = " ABC567EFG";
public new void GetInfo ( )
// 在派生类中使用 new 修饰符显式隐藏从基类继承的方法 GetInfo ( )
{
base. GetInfo ( ) ;
Console. WriteLine ( " Employee ID：{0}" , id ) ;
}
}
```

5. static 修饰符

使用 static 修饰符声明属于类型本身而不是属于特定对象的静态成员。static 修饰符可用于字段、方法、属性、运算符、事件和构造函数，但不能用于索引器、析构函数或类型。

类的成员或者是静态成员，或者是实例成员。一般来说，可以这样理解：静态成员属于类，而实例成员属于对象（类的实例）。不能通过实例引用静态成员。然而，可以通过类型名称引用它。

不可以使用 this 引用静态方法或属性访问器。

例如：使用 static 修饰符声明类的静态成员。

```
public class Employee
{
public string id;
public string name;
public Employee ()
{
}
public Employee (string name, string id)
{
this. name = name; this. id = id;
}
public static int employeeCounter;
public static int AddEmployee ()
{
return + + employeeCounter;
}
}
```

通过类直接访问静态成员，通过类的实例化对象访问实例成员。

```
// 创建类的实例化对象
Console. Write (" 请输入员工的姓名:");
string name = Console. ReadLine ();
Console. Write (" 请输入员工的 ID:");
string id = Console. ReadLine ();
Employee e = new Employee (name, id);
string n = Console. ReadLine ();
// 通过类直接访问静态成员
Employee. employeeCounter = Int32. Parse (n);
Employee. AddEmployee ();
// 通过实例化对象访问实例成员
Console. WriteLine (" 新员工姓名:{0}", e. name);
```

2.5.5 访问关键字

1. 访问关键字：base

base 关键字用于从派生类中访问基类的成员。

（1）调用基类上已被其他方法重写的方法。

（2）指定创建派生类实例时应调用的基类构造函数。

基类访问只能在构造函数、实例方法或实例属性访问器中进行。从静态方法中使用 base 关键字是错误的。

在派生类的重写方法中调用基类的方法如下。

```
public new void GetInfo（）
{
// 调用基类的 GetInfo（）方法
base. GetInfo（）;
Console. WriteLine（" Employee ID：{0}"，id）;
}
```

2. 访问关键字：this

this 关键字将引用类的当前实例。静态成员函数没有 this 指针。this 关键字可用于从构造函数、实例方法和实例访问器中访问成员。

例如：使用 this 引用类的当前实例。

```
public class Employee
{
public string name;
public string alias;
public decimal salary = 3000. 00m;
public Employee（string name，string alias）
{
// 使用 this 引用类的当前实例
this. name = name;
this. alias = alias;
}
}
```

习题

1. 单项选择题

（1）下面描述错误的是_____。

A. C#提供自动垃圾回收功能　　　　　　　B. C#不支持指针

C. C#支持多重继承　　　　　　　　　　　D. C#中一个类可以实现多个接口

（2）下面哪种类型不是引用类型：_____。

A. 接口类型　　　　B. 委托类型　　　　C. 结构类型　　　　D. 数组类型

（3）下面哪种类型不是值类型：_____。

A. 整数类型　　　　B. 浮点类型　　　　C. 结构类型　　　　D. 数组类型

（4）下面数组定义错误的是：_____。

A. int ［］ table　　　　　　　　　　　B. int table ［］

C. char sl ［］　　　　　　　　　　　　D. numbers = new int ［10］

（5）导入命名空间使用_____指令。

A. import　　　　B. include　　　　C. using　　　　D. input

（6）类成员变量未指定访问修饰符，则默认的访问修饰符是：_____。

A. public　　　　B. protected　　　　C. private　　　　D. internal

（7）有关抽象类和抽象方法，下面哪种说法是错误的？_____

A. 抽象类不能实例化

B. 抽象类必须包含抽象方法

C. 只允许在抽象类中使用抽象方法声明

D. 抽象方法实现由 overriding 方法提供

（8）以下_____修饰符中，必须由派生类实现。

A. private　　　　B. final　　　　C. static　　　　D. abstract

2. 填空题

（1）C#程序进行编译前，必须安装_____。

（2）C#语言的数据类型包括两种类型：_____和_____。

（3）委托声明定义一个从_____类派生的类，它用一组特定的参数以及返回类型封装方法。

（4）循环语句包括：_____、_____、_____和_____。

（5）装箱是_____转换。

（6）取消装箱是_____转换。

（7）类的构造函数分为：_____、_____和_____。

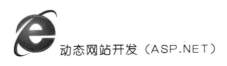

（8）在抽象方法声明中使用_____或_____修饰符是错误的。

（9）一般来说，可以这样来理解：静态成员属于_____，而实例成员属于_____。

（10）base 关键字用于从_____访问_____。

（11）this 关键字可用于从_____、_____和_____中访问成员。

（12）在 C#中，所有的异常必须由从_____派生的类类型的实例来表示。

（13）#region 预处理指令的功能是：_____。

·········· 实训 ··········

实训项目：掌握 C#程序的特点及编译方法、C#面向对象编程方法。

实训性质：验证性、程序设计。

实训目的：

（1）熟练掌握 C#程序的编写、编译和程序运行的方法。

（2）掌握在命令行方式下使用 Microsoft . NET Framework SDK 开发工具。

（3）熟悉和掌握 C#的命名空间的使用。

（4）掌握 C#面向对象编程方法，如：类的构造函数、析构函数、继承，访问修饰符等。

实训环境：Windows XP、Visual Studio . NET 2005。

实训内容：

（1）启动 Windows 操作系统的 DOS 命令窗口，进入命令行方式。

（2）编写 C#程序，在程序代码中导入命名空间 System. Web，然后应用命名空间 System. Web 中的 HttpUtility 类的 HtmlEncode（）方法将字符串转换为 HTML 编码的字符串，再应用 HttpUtility 类的 HtmlDecode（）方法将 HTML 编码的字符串转换为字符串，然后再编译该程序，并运行该程序。这样的程序功能在 HTML 在线编辑器保存生成的 HTML 源码、支持 HTML 格式的留言板和论坛帖子中很有用。

（3）为了加深理解 C#面向对象编程方法，编写包含基类及其派生类的一个小程序。例如，开发学校选课系统就会涉及两个类：老师类和学生类，可设计这老师类、学生类和它们的基类。

实训指导：

（1）实训内容（1）分析与提示。

单击【开始】│【运行】，在【运行】对话框内的【打开】输入框内输入：cmd，然后按 Enter 键进入 Windows 操作系统下的 DOS 命令行方式窗口。

（2）实训内容（2）分析与提示。

①该实训主要是让读者掌握导入的命名空间的方法，C#导入命名空间的方法很简单，使用 using System. Web 就可以了。

②在 DOS 命令行方式窗口下，输入命令：notepad，即可运行"记事本"程序，"记事本"程序会新建一个"无标题"的空窗口，在空窗口中可输入 C#程序代码。例如：

```csharp
using System；
using System. Web；
class TestHtmlEncode
｛
public static void Main（）
｛
// 定义原始字符串，在原始字符串中包括一些特殊的 HTML 代码字符，如：< % = 等
string HtmlOrgStr = " < % = System. DateTime. Now. ToString（）% > "；
// 定义变量 HtmlEncodeStr 保存从字符串转换为 HTML 编码的字符串
// 定义变量 HtmlDecodeStr 保存从 HTML 编码的字符串转换为普通的字符串
string HtmlEncodeStr，HtmlDecodeStr；
// 应用 System. Web 命名空间中的 HttpUtility 类的 HtmlEncode、HtmlDecode 方
// 法进行转换
HtmlEncodeStr = HttpUtility. HtmlEncode（HtmlOrgStr）；
HtmlDecodeStr = HttpUtility. HtmlDecode（HtmlEncodeStr）；
// 输出原始的字符串 HtmlOrgStr，以及从字符串转换为 HTML 编码的字符串
// HtmlEncodeStr，和从 HTML 编码的字符串转换为普通字符串 HtmlDecodeStr
Console. WriteLine（"［HtmlOrgStr］{0}"，HtmlOrgStr）；
Console. WriteLine（"［HtmlEncodeStr］{0}"，HtmlEncodeStr）；
Console. WriteLine（"［HtmlDecodeStr］{0}"，HtmlDecodeStr）；
｝
｝
```

③单击"记事本"中的主菜单【文件】｜【保存】，将输入的 C#程序保存为 Lab2 – 1. cs。

④在命令行输入以下命令编译该程序：csc Lab2 – 1. cs，编译成功将生成可执行文件 Lab2 – 1. exe。

⑤在命令行输入：Lab2 – 1，按 Enter 键即可运行该程序。程序运行结果如图 2.13 所示。

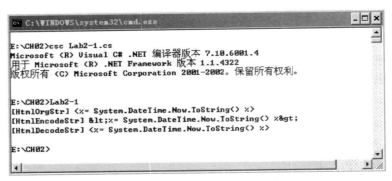

图 2.13　程序 Lab2 – 1 运行结果

⑥可以发现普通字符串中的 HTML 标记 < % = … % > ，被 HtmlEncode 方法转换为 <% = … % > 反过来 HTML 编码的字符串可用 HtmlDecode 方法转换为普通字符串。

（3）实训内容（3）分析与提示。

①经过分析会发现实训内容（3）中的老师和学生都具有一些公共的属性，例如：性别、年龄、身高等，他们都属于人类，所以我们可以设计一个新的类："Person"，并将 Person 类作为老师类和学生类的基类，老师类和学生类再从 Person 类中派生出来。

②在命令行输入：notepad，运行"记事本"程序。

③在"记事本"中输入下面的代码。

```
using System;
class CPerson
{
protected string sName, sSex;
protected int sAge;
protected string sDepartment;
public string GetName ( )
{
return sName;
}
}
class CTeacher: CPerson
{
protected string sTeacherID;
protected double dSalary;
public CTeacher ( string iName, string iSex, int iAge, string iDepartment,
string iTeacherID, double iSalary)
{
sName = iName;
```

```
sSex = iSex;
sAge = iAge;
sDepartment = iDepartment;
sTeacherID = iTeacherID;
dSalary = iSalary;
}
public string GetDepartment ( )
{
return sDepartment;
}
public double GetSalary ( )
{
return dSalary;
}
public void PrintTeacherInfo ( )
{
Console. WriteLine (" Teacher: {0}, {1}, {2}, {3}, {4}, {5: ¥#, ##0. 00}",
sTeacherID, GetName ( ), sSex, sAge, GetDepartment ( ), GetSalary ( ));
}
}
class CStudent: CPerson
{
protected string sStudentID;
protected double dScore;
public CStudent (string iName, string iSex, int iAge, string iDepartment,
string iStudentID, double iScore)
{
sName = iName;
sSex = iSex;
sAge = iAge;
sDepartment = iDepartment;
sStudentID = iStudentID;
dScore = iScore;
}
}
class Lab2_ 2
```

```
        }
public static void Main （）
        {
CTeacher Teacher1 = new CTeacher （" 张晓明"，" 男"，25，" 信息工程系"，
" ZhangXiaoMing"，3500.00）；
Teacher1. PrintTeacherInfo （）；
        }
        }
```

④单击"记事本"中的主菜单【文件】｜【保存】，将输入的 C#程序保存为 Lab2 −2. cs。

⑤在命令行输入以下命令编译该程序：csc Lab2 −2. cs，编译成功将生成可执行文件 Lab2 −2. exe。

⑥在命令行输入：Lab2 −2，按 Enter 键即可运行该程序。程序运行结果如图 2.14 所示。

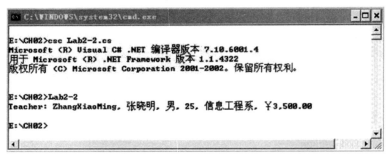

图 2.14　程序 Lab2 −2 运行结果

 项目三 站点界面设计

3.1 情景分析

在校园在线超市网站中，希望网站中的所有页面都有美观和统一的风格，并且为了提高维护的效率，能快速修改网站整体风格，因此将母版页引入进来处理站点的统一布局。网站的母版页如图 3.1 所示。

图 3.1 网站的母版页

3.2 站点母版页设计

3.2.1 母版页概述

使用 ASP. NET 母版页可以在应用程序中为网页创建一致的布局。一个母版页就可以为应用程序中的所有网页（或一组网页）定义所需的外观和标准行为。然后可以创建包含要显示的内容的各个内容页。当用户请求内容页时，这些内容页将与母版页合并，生成组合了母版页的布局以及内容页的内容的输出。

1. 母版页和动态 Web 模板

母版页和动态 Web 模板均可用来创建一致的布局，该布局对于网站中的所有网页都可以很方便地更新。对于 ASP. NET 文件，可以使用母版页来定义一致的外观以及要在所有网页中共享的内容。对于 HTML 文件，可以使用动态 Web 模板。

表 3 - 1

母版页	动态 Web 模板
用于 . aspx 文件	用于 . htm 或 . html 文件
请求网页时，母版页内容和网页内容将在服务器上合并在一起	模板内容存在于所有基于该模板的网页中，当模板更新后，必须更新所有网页中的模板内容
各个网页的内容必须位于 ＜ asp：contentplace-holder ＞ 和 ＜/asp：contentplaceholder ＞ 标记之间	各个网页的内容必须位于 ＜! - - #BeginEdit-able - - ＞ 和 ＜! - - #EndEditable - - ＞ 标记之间

2. 用于 ASP. NET 文件的母版页的优点

母版页提供了多种通过传统方式创建的功能，这些传统方式包括：重复复制现有代码、文本和控件元素；使用框架集；对通用元素使用包含文件；使用 ASP. NET 用户控件；等等。母版页具有下列优点：

使用母版页可以集中处理网页的通用功能，因此只需要在一个位置进行更新。

使用母版页可以方便地创建一组控件和代码，并将结果应用于一组网页。例如，可以在母版页上使用控件来创建一个适用于所有网页的菜单。

通过允许控制占位符控件的呈现方式，母版页使可以在细节上控制最终网页的布局。

母版页提供一个对象模型，使用该对象模型可以从各个内容页自定义母版页。

3. 母版页的工作原理

母版页实际上包含两部分，即母版页本身与一个或多个内容页。

（1）母版页。

母版页是具有预定义布局（可包括静态文本、HTML 元素和服务器控件）且扩展名为 . master 的 ASP. NET 文件，例如 MySite. master。母版页由特殊的@ Master 指令标识，该指令替代了普通 . aspx 网页使用的@ Page 指令。

除@ Master 指令外，母版页还包含网页的所有顶级 HTML 元素，如 html、head 和 form。例如，在母版页上，可以将一个 HTML 表格用于布局，将一个 IMG 元素用于公司徽标，将静态文本用于版权声明并使用若干个服务器控件为网站创建标准导航。可以在母版页中使用任何 HTML 元素和 ASP. NET 元素。

除了将在所有网页上显示的静态文本和控件以外，母版页还包含一个或多个 Content-PlaceHolder 控件。这些占位符控件定义了用来显示可替换内容的区域。随后，在内容页中定义可替换内容。

（2）内容页。

通过创建各个内容页可定义母版页上各个占位符控件的内容，这些内容页是绑定到特定母版页的 ASP. NET 网页（. aspx 文件以及可选的代码隐藏文件）。

创建 Content 控件后，可以向这些控件添加文本和控件。母版页的运行时行为。运行时，IIS 按照下面的顺序处理母版页：用户通过键入内容页的 URL 来请求某个网页。获取该网页之后，将读取@ Page 指令。如果该指令引用一个母版页，则也读取该母版页。如果这是第一次请求这两个网页，将对这两个网页都进行编译。包含已更新内容的母版页将合并到内容页的控件树中。各个 Content 控件的内容会合并到母版页中相应的 content placeholder 控件中。浏览器中将呈现生成的合并页。

从用户的角度来看，合并后的母版页和内容页是一个由多块内容组合而成的独立网页。该网页的 URL 是内容页的 URL。

（3）引用外部资源。

内容页和母版页都可以包含引用外部资源的控件和元素。例如，两者都可以包含引用图像文件的图像控件，或包含引用其他网页的定位标记。

合并后的内容页和母版页的上下文是内容页的上下文。这会影响在定位标记中指定资源（如图像文件和目标网页）的 URL 的方式。

（4）服务器控件。

在母版页上的服务器控件中，ASP. NET 会动态修改引用外部资源的属性的 URL。例如，可以将一个 Image 控件放到母版页上，并相对于母版页设置其 ImageUrl 属性。在运行时，ASP. NET 将修改该 URL，使它能够在内容页的上下文中正确解析。

ASP. NET 会在下列情况下修改 URL：URL 是某个 ASP. NET 服务器控件的属性。该属性在控件内部标记为 URL。（该属性用 UrlPropertyAttribute 特性来标记。）在实际情况中，那些常用来引用外部资源的 ASP. NET 服务器控件属性会采用这种方式标记。

（5）其他元素。

ASP. NET 无法修改非服务器控件的元素上的 URL。例如，如果在母版页上使用一个 IMG 元素并将其 src 属性设置为一个 URL，则 ASP. NET 不会修改该 URL。在这种情况下，该 URL 会在内容页的上下文中进行解析并创建相应的 URL。

通常，在母版页上使用元素时，建议使用服务器控件，即使是对不需要使用服务器代码的元素也是如此。例如，不使用 IMG 元素，而使用 Image 服务器控件。这样，ASP. NET 就可以正确解析 URL，而且还可以避免移动母版页或内容页时可能引发的维护问题。

3.2.2　创建母版页

创建母版页时，可以采用在 Microsoft Expression Web 中处理其他网页的同样方法，进行网页布局、应用样式和添加 ASP. NET 控件等操作。在母版页中创建的布局和内容也将应用到附加到该母版页的网页。

1. 创建新母版页

（1）在"文件"菜单上，单击"新建"，再单击"网页"。

（2）在"新建"对话框的"网页"选项卡上，从最左侧列表中选择"常规"或"ASP. NET"，再从中间列表中选择"母版页"。

（3）在"选项"区域的"编程语言"下拉框中，为母版页设置默认的编程语言。

（4）单击"确定"。

（5）新母版页将在编辑器中打开。保存文件时，请确保将.master用作文件扩展名。

（6）默认情况下，创建新的母版页时会包含两个内容占位符控件：HEAD？和？ContentPlaceHolder1。

2. 默认的内容占位符

如果想添加、删除或修改内容占位符控件，必须在母版页上放置一个或多个内容占位符控件。内容占位符控件标记内的所有内容都可以在基于母版页的网页中进行编辑，而母版页中的所有其他内容却无法在内容页中进行编辑。

　　< asp：contentplaceholder id = " head" runat = " server" >

　　< asp：contentplaceholder id = " ContentPlaceHolder1" runat = " server" >

提示：请确保将所有布局内容（表或div）放置在内容占位符之外。

例如，下面所示的母版页标题中的样式表链接位于内容占位符之外，因此，它将应用到所有基于该母版页的网页，并且不能在各个内容页中进行更改。如果该样式表链接标记位于内容占位符内，它仍将应用到所有基于该母版页的网页，但是可以在各个内容页中进行更改。

说明：请不要删除 head 内容占位符。Expression Web 需要使用此内容占位符来包括以交互方式设计的样式。如果删除了 head 内容占位符，Expression Web 将在为内容页中的元素设置样式时创建级联样式，而不是样式类。而且，如果删除了 head 内容占位符，将无法通过"网页属性"对话框设置内容页的属性。

3. 向母版页添加内容占位符

（1）在"设计"视图中，右键单击网页，再单击快捷菜单上的"管理 Microsoft ASP.NET 内容区域"。

（2）在"管理内容区域"对话框中，在"区域名称"框中键入新区域的名称。

（3）单击"添加"。

4. 使用代码在母版页中添加内容占位符

在"代码"视图中，键入以下内容，以便提供唯一的 ID 值：

　　< asp：contentplaceholder id = " ContentPlaceHolder1" runat = " server" > </asp：contentplaceholder >

5. 删除母版页上的内容占位符

（1）在"设计"视图中，右键单击网页，再单击快捷菜单上的"管理 Microsoft ASP.NET 内容区域"。

（2）在"管理内容区域"对话框中，选择要删除的内容占位符。

（3）单击"删除"。

6. 使用代码删除母版页中的内容占位符

在"代码"视图中，删除？< asp：contentplaceholder > and </asp：contentplaceholder >？标记。

7. **重命名母版页上的内容占位符**

（1）在"设计"视图中，右键单击网页，再单击快捷菜单上的"管理 Microsoft ASP. NET 内容区域"。

（2）在"管理内容区域"对话框中，双击要重命名的内容占位符。

（3）在"区域名称"框中，键入新名称。

（4）单击"重命名"。

8. **使用代码在母版页中重命名内容占位符**

在"代码"视图中，更改？＜asp：contentplaceholder＞？标记中的 ID 属性的值。

3.2.3 根据母版页创建网页

内容页是基于母版页的网页。当用户在浏览器中查看内容页时，用户会看到来自母版页的所有内容，外加在内容页的内容控件中添加的所有内容。不过，与基于动态 Web 模板的 HTML 网页不同，基于母版页的网页不会在服务器上的实际文件中包含母版页内容，因此不能在"代码"视图中看到这些内容。这些内容会显示在"设计"视图中，但不可编辑。

1. **在"文件夹列表"任务窗格中创建基于母版页的网页**

在"文件夹列表"任务窗格中，右键相应的母版页，并选择"根据母版页新建"。

2. **使用"新建"对话框创建基于母版页的网页**

（1）在"文件"菜单上，单击"新建"。

（2）在"新建"对话框的"网页"选项卡上，从左侧列表中选择"常规"或"ASP. NET"，再从中间列表中选择"根据母版页创建"。

（3）在"选项"区域的"编程语言"下拉列表中，为网页设置默认的编程语言。

（4）在第一个"选择母版页"对话框中，选择"使用默认母版页"（如果在 web. config 文件中为该网站指定了母版页）并单击"确定"，或者选择"特定母版页"选项按钮并单击"浏览"。

说明：有关在 web. config 文件中设置默认母版页的信息，请参阅 MSDN 主题如何：创建 Web. config 文件（Visual Studio）

（5）如果单击了"浏览"，请在第二个"选择母版页"对话框中，选择所需的母版页并单击"确定"。

说明：如果不需要为该网页设置"编程语言"，可将鼠标指针悬停在"文件"菜单的"新建"子菜单上以展开该子菜单，再单击"根据母版页创建"以打开"选择母版页"对话框。也可以向不是根据母版页创建的 .aspx 文件中附加母版页。

3. **向 .aspx 文件中附加母版页**

（1）在"格式"菜单上，单击"母版页"，再单击"附加母版页"。

（2）在"选择母版页"对话框中，选择"使用默认母版页"（如果在 web. config 文件中为该网站指定了默认母版页）并单击"确定"，或者选择"特定母版页"选项按钮

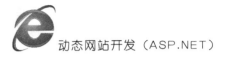

并单击"浏览"。

（3）如果单击了"浏览"，请在"选择母版页"对话框中找到并单击所需的母版页，再单击"确定"。

根据母版页创建了网页之后，即可向该网页上的 Content 控件中添加内容。

3.2.4　将内容添加到内容页

内容页（即基于母版页的网页）创建完毕后，只能将内容添加到 Content 控件中（在"代码"视图中的 < asp：Content > 和 < /asp：Content > 标记之间）。除了用于服务器代码的脚本块以外，未包含在 Content 控件内的其他任何内容都会导致出错。ASP. NET 网页中执行的所有任务都可以在内容页中执行。

例如，可以使用服务器控件和数据库查询或其他动态机制来生成 content 控件的内容。如果母版页的内容占位符控件中包含内容，则在默认情况下，这些控件将锁定在基于母版页的内容页中。创建基于此母版页的网页时，content 控件处于锁定状态，不能进行编辑。

1. 编辑 Content 控件中的默认母版页内容

在"设计"视图中，单击位于内容占位符最右侧的箭头按钮以显示"Content 任务"菜单，再单击"创建自定义内容"。内容区域在"代码"视图中变为可见，并且可以在"设计"和"代码"视图中进行编辑。编辑控件中的内容。

2. 还原为默认母版页内容

在"设计"视图中，单击位于内容占位符最右侧的箭头按钮以显示"Content 任务"菜单，再单击"默认使用母版内容"。"Content"控件将再次锁定。

3. 设置内容页属性

可以采用在"设计"视图中处理其他网页的同样方法，为基于母版页的内容页设置网页属性并添加样式表。但是在"代码"视图中执行这些操作时，存在一些差别。

4. 向内容页中添加样式表

（1）在"格式"菜单上，单击"CSS 样式"，再单击"附加样式表"。

（2）在"附加样式表"对话框中，指定 . css 文件。

（3）向内容页中添加样式表时，head content 控件将解除锁定状态，并且在"代码"视图中变为可见。样式表链接将添加到 head 控件中，以后可根据需要修改或删除它。

< asp：Content id = " content1" runat = " server" contentplaceholderid = " head" >

< meta http – equiv = " Content – Type" content = " text/html；charset = utf – 8" / >

< link rel = " stylesheet" type = " text/css" href = " myCSS. css" / >

< /asp：Content >

如果母版页在 head contentplaceholder 中包含样式表链接，则可以在内容页中看到此样式表，并且可以选择保留或删除它。如果母版页在 head contentplaceholder 之外包含样式表链接，则在内容页中将看不到此样式表，但是在用户的浏览器中会对内容页应用此

样式表，而不仅仅是应用内容页中指定的样式表。

5. 更改内容页的标题

执行下列操作之一：

在"文件"菜单上，单击"属性"。在"属性"对话框的"常规"选项卡上，在"标题"框中键入新标题。

在"代码"视图中，在 @ Page 指令的 title 属性中键入新标题：

< % @ Page language = " C#" masterpagefile = " m1. master" title = " New Title" % >

3.3 使用主题和外观设置站点页面

3.3.1 ASP. NET 主题和外观概述

ASP. NET 主题是一组属性，这些属性定义网站中页和控件的外观。主题可以包含定义 ASP. NET Web 服务器控件的属性设置的外观文件，还可以包含级联样式表文件（. css文件）和图形。通过应用主题，可以为网站中的页提供一致的外观。

主题是属性设置的集合，使用这些设置可以定义页面和控件的外观，然后在某个Web 应用程中的所有页、整个 Web 应用程序或服务器上的所有 Web 应用程中一致地应用此外观。

1. 主题和控件外观

（1）主题。

由一组元素组成：外观、级联样式表（CSS）、图像和其他资源。主题将至少包含外观。主题是在网站或 Web 服务器上的特殊目录中定义的。

（2）外观。

外观文件具有文件扩展名 . skin，它包含各个控件（例如，Button、Label、TextBox或 Calendar 控件）的属性设置。控件外观设置类似于控件标记本身，但只包含要作为主题的一部分来设置的属性。例如，下面是 Button 控件的控件外观：

< asp：button runat = " server" BackColor = " lightblue" ForeColor = " black" / >

在主题文件夹中创建 . skin 文件。一个 . skin 文件可以包含一个或多个控件类型的一个或多个控件外观。可以为每个控件在单独的文件中定义外观，也可以在一个文件中定义所有主题的外观。有两种类型的控件外观——"默认外观"和"已命名外观"：

当向页应用主题时，默认外观自动应用于同一类型的所有控件。如果控件外观没有SkinID 属性，则是默认外观。例如，如果为 Calendar 控件创建一个默认外观，则该控件外观适用于使用本主题的页面上的所有 Calendar 控件。（默认外观严格按控件类型来匹配，因此 Button 控件外观适用于所有 Button 控件，但不适用于 LinkButton 控件或从 Button对象派生的控件。）

已命名外观是设置了 SkinID 属性的控件外观。已命名外观不会自动按类型应用于控件。而应当通过设置控件的 SkinID 属性将已命名外观显式应用于控件。通过创建已命名

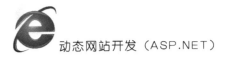

外观，可以为应用程序中同一控件的不同实例设置不同的外观。

（3）级联样式表。

主题还可以包含级联样式表（.css 文件）。将 .css 文件放在主题文件夹中时，样式表自动作为主题的一部分加以应用。使用文件扩展名 .css 在主题文件夹中定义样式表。

2. 主题的应用范围

可以定义单个 Web 应用程序的主题，也可以定义供 Web 服务器上的所有应用程序使用的全局主题。定义主题之后，可以使用@ Page 指令的 Theme 或 StyleSheetTheme 属性将该主题放置在个别页上；或者通过设置应用程序配置文件中的 pages 元素（ASP.NET 设置架构）元素，将其应用于应用程序中的所有页。如果在 Machine.config 文件中定义了 pages 元素（ASP.NET 设置架构）元素，主题将应用于服务器上的 Web 应用程序中的所有页。

（1）页面主题。

页面主题是一个主题文件夹，其中包含控件外观、样式表、图形文件和其他资源，该文件夹是作为网站中的 \ App_ Themes 文件夹的子文件夹创建的。每个主题都是 \ App_ Themes 文件夹的一个不同的子文件夹。下面的示例演示了一个典型的页面主题，它定义了两个分别名为 BlueTheme 和 PinkTheme 的主题。

```
MyWebSite
  App_ Themes
    BlueTheme
      Controls. skin
      BlueTheme. css
    PinkTheme
      Controls. skin
      PinkTheme. css
```

（2）全局主题。

全局主题是可以应用于服务器上的所有网站的主题。当维护同一个服务器上的多个网站时，可以使用全局主题定义域的整体外观。

全局主题与页面主题类似，因为它们都包括属性设置、样式表设置和图形。但是，全局主题存储在对 Web 服务器具有全局性质的名为 Themes 的文件夹中。服务器上的任何网站以及任何网站中的任何页面都可以引用全局主题。

3.3.2 定义、应用主题和外观

演练 1：如何在 Visual Studio 中使用主题自定义网站？

如何使用主题为网站中的页和控件应用一致的外观。主题可以包括定义单个控件的常用外观的外观文件、一个或多个样式表和用于控件（如 TreeView 控件）的常用图形。此演练演示如何在网站中使用 ASP.NET 主题。

本演练中阐释的任务包括：

（1）将预定义的 ASP. NET 主题应用于单个页和整个站点。

（2）创建自己的包括外观的主题，这些外观用于定义单个控件的外观。

1. 先决条件

若要完成本演练，需要：

（1）Microsoft Visual Web Developer（Visual Studio）。

（2）. NET Framework。

2. 创建网站

如果已经在 Visual Web Developer 中创建了一个网站（例如，按照演练：在 Visual Web Developer 中创建基本网页中的步骤），则可以使用该网站而转到下一节。否则，按照下面的步骤创建一个新的网站和网页。

创建文件系统网站步骤如下：

（1）打开 Visual Web Developer。

（2）在"文件"菜单上单击"新建网站"。出现"新建网站"对话框。

（3）在"Visual Studio 已安装的模板"之下单击"ASP. NET 网站"。在"位置"框中输入要保存网站页面的文件夹的名称。例如，键入文件夹名"C：\ WebSites"。在"语言"列表中，单击想使用的编程语言。单击"确定"。

（4）Visual Web Developer 创建该文件夹和一个名为 Default. aspx 的新页。

（5）若要在此演练中开始使用主题，请设置一个 Button 控件、一个 Calendar 控件和一个 Label 控件，以便了解主题是如何影响这些控件的。将控件放在页上

（6）切换到"设计"视图。从"工具箱"的"标准"组中将"日历"控件、"按钮"控件和"标签"控件拖到页上。页的具体布局无关紧要。

注意：不要对任何控件应用任何格式。例如，不要使用 AutoFormat 命令来设置"日历"控件的外观。

（7）切换到"源"视图。确保页的 < head > 元素具有 runat = " server" 属性，以便可以显示为如下内容：

< head runat = " server" > < /head >

（8）保存页。

（9）要对页进行测试，首先需要在应用主题前先查看页面，然后查看应用不同主题的效果。

3. 创建主题并将其应用于页

ASP. NET 使得将预定义的主题应用于页或创建唯一的主题变得很容易（有关详细信息，请参见：如何定义 ASP. NET 主题）。在演练的此部分中，将创建一个包含一些简单外观的主题，这些外观定义控件的外观。

创建新主题步骤如下：

（1）在 Visual Web Developer 中，右击网站名，单击"添加 ASP. Net 文件夹"，然后

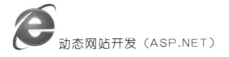
单击"主题"。

（2）将创建名为"App_ Themes"的文件夹和名为"Theme1"的子文件夹。将"Theme1"文件夹重命名为"sampleTheme"。此文件夹名将成为创建的主题的名称（在这里是"sampleTheme"）。具体名称无关紧要，但是在应用自定义主题的时候，必须记住该名称。

（3）右击"sampleTheme"文件夹，选择"添加新项"，添加一个新的文本文件，然后将该文件命名为"sampleTheme. skin"。在 sampleTheme. skin 文件中，按下面的代码示例所示的方法添加外观定义。

（4）< asp：Label runat = " server" ForeColor = " red" Font – Size = " 14pt" Font – Names = " Verdana" ／ >

a）< asp：button runat = " server" Borderstyle = " Solid" Borderwidth = " 2px" Border- color = " Blue" Backcolor = " yellow" ／ >

注意：定义的具体特性无关紧要。上面选择的值是建议值，采用这些建议值在稍后测试主题时效果将较为明显。

（5）外观定义与创建控件的语法类似，不同之处在于，定义只包括影响控件外观的设置。例如，外观定义不包括 ID 属性的设置。

（6）保存该外观文件，然后将其关闭。

a）现在可以在应用任何主题前对页进行测试。

注意：如果向"sampleTheme"文件夹添加一个级联样式表文件（CSS），则该级联样式表将应用于所有使用该主题的页。

（7）测试主题。

（8）按 Ctrl + F5 运行该页。

（9）控件以它们的默认外观显示。

（10）关闭浏览器，然后返回到 Visual Web Developer。在"源"视图中，向@ Page 指令添加下面的属性：

a）< % @ Page Theme = " sampleTheme" … % >

注意：必须在属性值中指示实际的主题的名称（在此例中，即先前定义的 sampleT- heme. skin 文件）。

（11）按 Ctrl + F5 再次运行该页。

（12）这次，控件使用主题中定义的配色方案呈现。"标签"和"按钮"控件将按照在 sampleTheme. skin 文件中完成的设置显示。因为没有在 sampleTheme. skin 文件中为"日历"控件设置项，该控件以默认外观显示。

（13）在 Visual Web Developer 中，将该主题设置成另一个主题（如果存在）的名称。

（14）按 Ctrl + F5 再次运行该页。

（15）控件再次更改外观。

4. 样式表主题和自定义主题

创建了主题后，可以定制如何在应用程序中使用主题，方法是：将主题作为自定义主题与页关联（如上一节中所做的那样），或者将主题作为样式表主题与页关联。样式表主题使用和自定义主题相同的主题文件，但是样式表主题在页的控件和属性中的优先级更低，相当于 CSS 文件的优先级。在 ASP. NET 中，优先级的顺序是：

（1）主题设置，包括 Web. config 文件中设置的主题。

（2）本地页设置。

（3）样式表主题设置。

在这里，如果选择使用样式表主题，则在页中本地声明的任何项都将重写主题的属性。同样，如果使用自定义主题，则主题的属性将重写本地页中的任何内容，以及使用中的任何样式表主题中的任何内容。

使用样式表主题并查看优先级顺序

（1）切换到"源"视图。更改页声明：< % @ Page theme = " sampleTheme" % >

（2）为样式表主题声明：< % @ Page StyleSheetTheme = " sampleTheme" % >

（3）按 Ctrl + F5 运行该页。

注意："Label1"控件的 ForeColor 属性为红色。

（4）切换到"设计"视图。选择"Label1"，然后在"属性"中将"ForeColor"设置为"蓝色"。

（5）按 Ctrl + F5 运行该页。"Label1"的 ForeColor 属性为蓝色。

（6）切换到"源"视图。更改页声明，以声明非样式表主题的主题，方法是将：

（7）< % @ Page StyleSheetTheme = " sampleTheme" % > 改回为： < % @ Page Theme = " sampleTheme" % >

（8）按 Ctrl + F5 运行该页。"Label1"的 ForeColor 属性再次变为红色。

5. 基于现有控件创建自定义主题

创建外观定义的一种简单方法是使用设计器来设置外观属性，然后将控件定义复制到外观文件。

基于现有控件创建自定义主题步骤如下：

（1）在"设计"视图中，设置"日历"控件的属性，使该控件具有特别的外观。下列设置为推荐设置：

BackColor 青色

BorderColor 红色

BorderWidth4

CellSpacing8

Font – Name 宋体

Font – Size 大

SelectedDayStyle – BackColor 红色

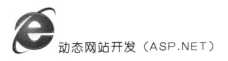

SelectedDayStyle – ForeColor 黄色

TodayDayStyle – BackColor 粉红

注意：定义的具体特性无关紧要。上面列表的值是建议值，采用这些建议值在稍后测试主题时效果将较为明显。

（2）切换到"源"视图，并复制 < asp：calendar > 元素及其属性。

（3）切换到 sampleTheme. skin 文件或打开该文件。将 Calendar 控件定义粘贴到 sampleTheme. skin 文件中。

（4）从 sampleTheme. skin 文件中的定义中移除 ID 属性。保存 sampleTheme. skin 文件。

（5）切换到 Default. aspx 页，再将一个"日历"控件拖到页上。不要设置该控件的任何属性。

（6）运行 Default. aspx 页。

（7）两个"日历"控件将具有相同的外观。第一个"日历"控件反映出设置的显式属性设置。第二个"日历"控件从在 sampleTheme. skin 文件中创建的外观定义中继承其外观属性。

6. 将主题应用于网站

可以将一个主题应用于整个网站，这意味着不需要再次将该主题应用于各个页。（如果需要，可以在页上重写主题设置。）

为网站设置主题步骤如下：

如果没有将一个 Web. config 文件自动添加到网站，则可按下面的步骤创建 Web. config 文件：

（1）在解决方案资源管理器中，右击网站的名称，然后单击"添加新项"。

（2）在"模板"下，选择"Web 配置文件"，然后单击"添加"。

注意：不需要键入名称，因为文件总是被命名为 Web. config。

（3）如果 < pages > 元素尚不存在，请添加该元素。< pages > 元素应该出现在 < system. web > 元素内部。将下列属性添加到 < pages > 元素。

< pages theme = " sampleTheme" / >

注意：Web. config 是区分大小写的，值是大小写混合格式。（例如：theme 和 styleSheetTheme）。

（4）保存并关闭 Web. config 文件。

（5）切换到 Default. aspx 并切换到"源"视图。从页声明中移除 theme = " themeName"属性。

（6）按 Ctrl + F5 运行 Default. aspx。

（7）该页现在使用 Web. config 文件中指定的主题显示。如果选择在页声明中指定一个主题名称，该主题名称将重写 Web. config 文件中指定的任何主题。

演练 2：如何定义 ASP. NET 页主题

主题由多个支持文件组成，包括页外观样式表、定义服务器控件外观的控件外观，以及构成主题的任何其他支持图像或文件。无论主题是定义为页主题还是全局主题，主题的内容都是相同的。通过使用 Theme 或@ Page 指令的 StyleSheetTheme 属性，或者通过在应用程序配置文件中设置 pages 元素（ASP. NET 设置架构）元素，都可以应用主题。Visual Web Developer 只以可视方式显示使用 StyleSheetTheme 属性应用的主题。

1. 创建页主题

（1）在解决方案资源管理器中，右击要为其创建页主题的网站名称，然后单击"添加 ASP. NET 文件夹"。

（2）单击"主题"。

（3）如果 App_ Themes 文件夹不存在，Visual Web Developer 则会创建该文件夹。Visual Web Developer 即为主题创建一个新文件夹，作为 App_ Themes 文件夹的子文件夹。

（4）键入新文件夹的名称。此文件夹的名称也是页主题的名称。例如，如果创建一个名为 \ App_ Themes \ FirstTheme 的文件夹，则主题的名称为 FirstTheme。

（5）将构成主题的控件外观、样式表和图像的文件添加到新文件夹中。

2. 将外观文件和外观添加到页主题

（1）在解决方案资源管理器中，右击主题的名称，然后单击"添加新项"。

（2）在"添加新项"对话框中，单击"外观文件"。

（3）在"名称"框中，键入 . skin 文件的名称，然后单击"添加"。通常的做法是为每个控件创建一个 . skin 文件，如 Button. skin 或 Calendar. skin。但是，也可以根据需要创建任意数量的 . skin 文件。在 . skin 文件中，使用声明性语法添加标准控件定义，但仅包含要为主题设置的属性。控件定义必须包含 runat = "server" 属性，但不能包含 ID = "" 属性。

下面的代码示例演示 Button 控件的默认控件外观，其中定义了主题中所有 Button 控件的颜色和字体。

```
< asp：Button runat = "  server"
   BackColor = "  Red"
   ForeColor = "  White"
   Font – Name = "  Arial"
   Font – Size = "  9px" / >
```

此 Button 控件外观不包含 skinID 属性。它将应用于使用主题的应用程序中所有未指定 skinID 属性的 Button 控件。

注意：创建控件外观的简单方法是将控件添加到页，并对其进行配置，使其具有想要的外观。例如，可以将一个 Calendar 控件添加到页，并设置其日标题、选定的日期和

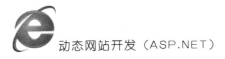

其他属性。然后，可以将控件定义从页中复制到外观文件，但必须移除 ID 属性。

对想创建的每个控件外观文件重复步骤 2 和 3。

注意：每个控件只能定义一个默认外观。使用外观的控件声明中的 SkinID 属性为相同类型的控件创建命名外观。

3. 将级联样式表文件添加到页主题

（1）在解决方案资源管理器中，右击主题的名称，然后单击"添加新项"。

（2）在"添加新项"对话框中，单击"样式表"。

（3）在"名称"框中，键入 .css 文件的名称，然后单击"添加"。

当主题应用于页时，ASP. NET 向页的 head 元素添加对样式表的引用。

3.4　站点导航设计

可以使用 ASP. NET 站点导航功能为用户导航站点提供一致的方法。随着站点内容的增加以及在站点内来回移动网页，管理所有的链接可能会变得比较困难。ASP. NET 站点导航使能够将指向所有页面的链接存储在一个中央位置，并在列表中呈现这些链接，或用一个特定 Web 服务器控件在每页上呈现导航菜单。

若要为站点创建一致的、容易管理的导航解决方案，可以使用 ASP. NET 站点导航。ASP. NET 站点导航提供下列功能：

（1）站点地图？可以使用站点地图描述站点的逻辑结构。接着，可通过在添加或移除页面时修改站点地图（而不是修改所有网页的超链接）来管理页导航。

（2）ASP. NET 控件　可以使用 ASP. NET 控件在网页上显示导航菜单。导航菜单以站点地图为基础。

（3）编程控件　可以以代码方式使用 ASP. NET 站点导航，以创建自定义导航控件或修改在导航菜单中显示的信息的位置。

（4）访问规则　可以配置用于在导航菜单中显示或隐藏链接的访问规则。

（5）自定义站点地图提供程序　可以创建自定义站点地图提供程序，以便使用自己的站点地图后端（如存储链接信息的数据库），并将提供程序插入到 ASP. NET 站点导航系统。

1. 站点导航如何工作

通过 ASP. NET 站点导航，可以按层次结构描述站点的布局。例如，一家虚拟在线计算机商店的站点共有八页，其布局如下。

Home
    Products
        Hardware
        Software
    Services

Training

Consulting

Support

若要使用站点导航，请先创建一个站点地图或站点的表示形式。可以用 XML 文件描述站点的层次结构，但也可以使用其他方法。在创建站点地图后，可以使用站点导航控件在 ASP. NET 页上显示导航结构。

2. **站点地图加载进程**

默认的 ASP. NET 站点地图提供程序会加载站点地图数据作为 XML 文档，并在应用程序启动时将其作为静态数据进行缓存。超大型站点地图文件在加载时可能要占用大量的内存和 CPU 资源。ASP. NET 站点导航功能根据文件通知来使导航数据保持为最新的。更改站点地图文件时，ASP. NET 会重新加载站点地图数据。确保将所有病毒扫描软件配置为不会修改站点地图文件。

3. **站点导航控件**

创建一个反映站点结构的站点地图只完成了 ASP. NET 站点导航系统的一部分。导航系统的另一部分是在 ASP. NET 网页中显示导航结构，这样用户就可以在站点内轻松地移动。通过使用下列 ASP. NET 站点导航控件，可以轻松地在页面中建立导航信息：

SiteMapPath 此控件显示导航路径（也称为面包屑或眉毛链接）向用户显示当前页面的位置，并以链接的形式显示返回主页的路径。

TreeView 此控件显示一个树状结构或菜单，让用户可以遍历访问站点中的不同页面。单击包含子节点的节点可将其展开或折叠。

Menu 此控件显示一个可展开的菜单，让用户可以遍历访问站点中的不同页面。将光标悬停在菜单上时，将展开包含子节点的节点。

可以使用 SiteMapPath 控件创建站点导航，既不用编写代码，也不用显式绑定数据。此控件可自动读取和呈现站点地图信息。但是，如果需要，也可以使用代码自定义 SiteMapPath 控件。

SiteMapPath 控件使用户能够从当前页导航回站点层次结构中较高的页。但是，SiteMapPath 控件不允许从当前页向前导航到层次结构中较深的其他页面。在新闻组或留言板应用程序中，当用户想要查看他们正在浏览的文章的路径时，就可以使用 SiteMap-Path 控件。

通过 TreeView 或 Menu 控件，用户可以打开节点并直接导航到特定的页。这些控件不会像 SiteMapPath 控件那样直接读取站点地图。相反，需要在页上添加一个可读取站点地图的 SiteMapDataSource 控件。

4. **站点导航 API**

通过导航控件，只需编写极少的代码甚至不需要代码，就可以在页面中添加站点导航；不过也能以编程的方式处理站点导航。当 Web 应用程序运行时，ASP. NET 公开一个反映站点地图结构的 SiteMap 对象。SiteMap 对象的所有成员均为静态成员。而 SiteMap 对象会公开 SiteMapNode 对象的集合，这些对象包含地图中每个节点的属性。（在使用 SiteMapPath 控件时，该控件会使用 SiteMap 和 SiteMapNode 对象自动呈现相应的链接。

可以在自己的代码中使用 SiteMap、SiteMapNode 和 SiteMapProvider 对象来遍历站点地图结构，或创建自定义的控件来显示站点地图数据。不能向站点地图进行写入，但可以在对象的实例中修改站点地图节点。

5. 站点导航组件之间的关系

下面的示意图演示了各个 ASP. NET 站点导航组件之间的关系。

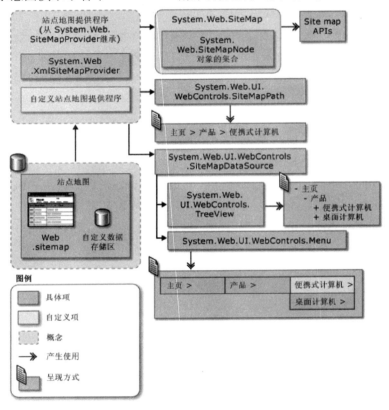

图 3.2　ASP. NET 站点地图

若要使用 ASP. NET 站点导航，必须描述站点结构以便站点导航 API 和站点导航控件可以正确公开站点结构。默认情况下，站点导航系统使用一个包含站点层次结构的 XML 文件。不过，也可以将站点导航系统配置为使用其他数据源。

6. Web. sitemap 文件

创建站点地图最简单方法是创建一个名为 Web. sitemap 的 XML 文件，该文件按站点的分层形式组织页面。ASP. NET 的默认站点地图提供程序自动选取此站点地图。

尽管 Web. sitemap 文件可以引用其他站点地图提供程序或其他目录中的其他站点地图文件以及同一应用程序中的其他站点地图文件，但该文件必须位于应用程序的根目录中。

下面的代码示例演示站点地图如何查找一个三层结构的简单站点。url 属性可以以快捷方式"~/"开头，该快捷方式表示应用程序根目录。

```
< siteMap >
    < siteMapNode title = " Home" description = " Home" url = " ~/default. aspx"  >
        < siteMapNode title = " Products" description = " Our products"
        url = "  ~/Products. aspx"  >
        < siteMapNode title = " Hardware" description = " Hardware choices"
          url = "  ~/Hardware. aspx" / >
        < siteMapNode title = " Software" description = " Software choices"
          url = "  ~/Software. aspx" / >
        </ siteMapNode >
        < siteMapNode title = " Services" description = " Services we offer"
          url = "  ~/Services. aspx"  >
        < siteMapNode title = " Training" description = " Training classes"
          url = "  ~/Training. aspx" / >
        < siteMapNode title = " Consulting" description = " Consulting services"
          url = "  ~/Consulting. aspx" / >
        < siteMapNode title = " Support" description = " Supports plans"
          url = "  ~/Support. aspx" / >
        </ siteMapNode >
    </ siteMapNode >
</ siteMap >
```

在 Web. sitemap 文件中，为网站中的每一页添加一个 siteMapNode 元素。然后，可以通过嵌入 siteMapNode 元素创建层次结构。在上例中，"硬件"和"软件"页是"产品" siteMapNode 元素的子元素。title 属性定义通常用作链接文本的文本，description 属性同时用作文档和 SiteMapPath 控件中的工具提示。

7. 有效站点地图

有效站点地图文件只包含一个直接位于 siteMap 元素下方的 siteMapNode 元素。但第一级 siteMapNode 元素可以包含任意数量的子 siteMapNode 元素。此外，尽管 url 属性可以为空，但有效站点文件不能有重复的 URL。ASP. NET 默认站点地图提供程序以外的提供程序可能没有这种限制。

8. 配置多个站点地图

可以使用多个站点地图文件或提供程序来描述整个网站的导航结构。例如，通过用下面的代码引用 siteMapNode 元素中的子站点地图文件，可以将根 Web. sitemap 文件链接到该子站点地图文件。

```
< siteMapNode siteMapFile = " MySiteMap. sitemap" / >
```

9. ASP. NET 如何使用站点导航提供程序

与 ASP. NET 成员资格、ASP. NET Web 部件个性化设置和其他 ASP. NET 功能类似，ASP. NET 站点导航使用提供程序与数据存储区进行交互。默认提供程序读取 Web. sitemap 文件并直接从该文件创建 SiteMap 对象。站点导航控件使用 SiteMap 对象向客户端显示导航结构，这些导航控件包括 TreeView 控件、SiteMapPath 控件或自定义控件。

如果要将站点地图信息存储在站点地图文件以外的位置，可以创建自己的站点地图提供程序并对的应用程序进行配置以调用自定义提供程序。站点地图提供程序在 Web. config 文件中配置。当应用程序运行时，ASP. NET 会调用的提供程序，后者可以根据需要检索站点地图信息。然后，ASP. NET 根据的提供程序返回的信息，相应地创建和填充 SiteMapNode 对象。通过使用 SiteMap 类，可以以编程方式访问这些对象。

演练：如何向网站添加站点导航

在含有大量页的任何网站中，构造一个可使用户随意在页间切换的导航系统可能颇有难度，尤其是在更改网站时。ASP. NET 网站导航可使创建页的集中网站地图。

如何配置网站地图，以及如何使用依赖于网站地图的控件向网站中的页添加导航。通过此演练，将学会如何执行以下任务：

（1）创建含有示例页以及描述页布局的网站地图文件的网站。

（2）使用 TreeView 控件作为可使用户跳转到网站中任何页的导航菜单。

（3）使用 SiteMapPath 控件添加导航路径（也称为 breadcrumb），导航路径使用户能够查看从当前页向前的网站层次结构，并可沿着层次结构向回移动。

（4）使用 Menu 控件添加可使用户一次查看一级节点的导航菜单。将鼠标指针悬停在含有子节点的节点上方会生成子节点的子菜单。

（5）在母版页上使用网站导航和控件，这样就只需定义网站导航一次。

（6）与本主题对应的 Visual Studio 网站项目及源代码可以从 Download（下载）网页获得。

1. 创建含有示例页和网站地图的网站

如果已经通过完成演练：在 Visual Studio 中创建基本网页在 Visual Web Developer 中创建了 Web 项目，则可以使用该项目并转到下一节。否则，请按照下面的步骤创建一个新网站项目和网页。

创建文件系统网站：

（1）打开 Visual Web Developer。在"文件"菜单上，单击"新建网站"（或在"文件"菜单上，单击"新建"，然后单击"网站"）。"新建网站"对话框随即出现。

（2）在"Visual Studio 已安装的模板"之下单击"ASP. NET 网站"。

（3）在最左侧的"位置"框，单击"文件系统"，然后在最右侧的"位置"框中，输入想保存网站所包含的页的文件夹的名称。例如，键入文件夹名"C：\ WebSites \ SiteNavigation"。

（4）在"语言"框中，单击想使用的编程语言。选择的编程语言将是网站的默认语言，但可以为每个页面分别设置编程语言。单击"确定"。

（5）Visual Web Developer 创建该文件夹和一个名为 Default. aspx 的新页。

2. 创建网站地图

若要使用网站导航，需要一种方式来描述网站中的页如何布局。默认方法是创建一个包含网站层次结构的 . xml 文件，其中包括页标题和 URL。

. xml 文件的结构反映了网站的结构。每个页表示为网站地图中的一个 siteMapNode 元素。最上面的节点表示主页，子节点表示网站中更深层的页。

3. 创建网站地图

（1）在解决方案资源管理器中，右击网站的名称，然后单击"添加新项"。在"添加新项 ＜路径＞"对话框中：

（2）在"Visual Studio 已安装的模板"之下单击"网站地图"。在"名称"框中，确保名称为"Web. sitemap"。单击"添加"。

（3）将下面的 XML 内容复制到 Web. sitemap 文件中，覆盖默认内容。

```
< siteMap >
    < siteMapNode title = " Home" description = " Home" url = "  ～/home. aspx"  >
        < siteMapNode title = " Products" description = " Our products"
            url = "  ～/Products. aspx"  >
            < siteMapNode title = " Hardware"
                description = " Hardware we offer"
                url = "  ～/Hardware. aspx" / >
            < siteMapNode title = " Software"
                description = " Software for sale"
                url = "  ～/Software. aspx" / >
        </ siteMapNode >
        < siteMapNode title = " Services" description = " Services we offer"
            url = "  ～/Services. aspx"  >
        < siteMapNode title = " Training" description = " Training"
            url = "  ～/Training. aspx" / >
        < siteMapNode title = " Consulting" description = " Consulting"
            url = "  ～/Consulting. aspx" / >
        < siteMapNode title = " Support" description = " Support"
            url = "  ～/Support. aspx" / >
        </ siteMapNode >
    </ siteMapNode >
</ siteMap >
```

Web. sitemap 文件包含一组三层嵌套的 siteMapNode 元素。每个元素的结构相同。它们之间唯一的区别是在 XML 层次结构中的位置。

示例 .xml 文件中定义的页的 URL 是非限定的。这意味着将所有页的 URL 视为相对于应用程序根节点。然而，可以为特定页指定任何 URL – – 在网站地图中定义的逻辑结构不必对应于在文件夹中页的物理布局。

4. 创建页以进行导航

在本部分中，将仅创建在前面部分定义的网站地图中描述的几页。创建页以进行导航：

（1）在解决方案资源管理器中，右击网站的名称，然后单击"添加新项"。在"添加新项 < 路径 >"对话框中：在"Visual Studio 已安装的模板"下单击"Web 窗体"。在"名称"框中，键入"Home. aspx"，然后单击"添加"。

（2）切换到"设计"视图。在 Home. aspx 页上，键入"主页"，然后将其格式设置为"标题 1"。

（3）重复此过程，另外创建四个页，分别名为 Products. aspx、Hardware. aspx、Software. aspx 和 Training. aspx。将页的名称（例如，"产品"）用作标题，这样当页显示在浏览器中时，就能识别各页。

具体创建哪些页并不重要。此过程中列出的页只是让查看三层嵌套的网站层次结构的建议页。

5. 使用 TreeView 控件创建导航菜单

现在有了一个网站地图和一些页，接下来可向网站添加导航。将使用 TreeView 控件作为可折叠的导航菜单。

添加树型导航菜单：

（1）打开 Home. aspx 页。从工具箱的"数据"组中，将"SiteMapDataSource"控件拖动到页面上。

图 3.3　树型导航菜单

（2）在其默认配置中，SiteMapDataSource 控件从在"创建网站地图"（本演练的前面部分）中创建的 Web. sitemap 文件中检索其信息，这样就不必为该控件指定任何额外信息。

（3）从工具箱的"导航"组中，将 TreeView 控件拖动到页面上。在"TreeView 任务"菜单上，在"选择数据源"框中单击"SiteMapDataSource1"。保存页。

测试树样式导航菜单：

（1）现在可以执行导航系统的临时测试。

（2）测试导航菜单，按 Ctrl + F5 运行 Home. aspx 页面。树显示两级节点。

（3）单击"产品"查看"产品"页。

（4）如果未创建 Products. aspx 页，则单击确实创建过的页的链接。

在网站的当前状态下，导航菜单仅出现在"主页"上。可以向应用程序中的每个页添加相同的 SiteMapDataSource 和 TreeView 控件，以便在每个页上都显示导航菜单。但是，在本演练的稍后部分，将看到如何将导航菜单放置在母版页上，这样导航菜单就会自动出现在每一页中。

6. 使用 SiteMapPath 控件显示导航历史记录

除了使用 TreeView 控件创建导航菜单外，还可以在每个页上添加显示页位于当前层次结构中哪个位置的导航。此类导航控件也称为 breadcrumb。ASP. NET 提供了可自动实现页导航的 SiteMapPath 控件。

显示导航历史记录：

（1）打开 Products. aspx 页并切换至"设计"视图。

（2）从工具箱的"导航"组中将 SiteMapPath 控件拖动到页面上，将光标放置在 SiteMapPath 控件前面，然后按 Enter 创建一个新行。

（3）SiteMapPath 控件显示当前页在页层次结构中的位置。默认情况下，SiteMapPath 控件表示在 Web. sitemap 文件中创建的层次结构。例如，当显示 Products. aspx 页时，SiteMapPath 控件显示下面的路径：

（4）"主页"→"产品"。对在本演练中创建的其他页重复此过程，"主页"除外。

（5）即使未在每个页上放置 SiteMapPath 控件，出于测试目的，需要在网站层次结构的每一级的页（例如，Products. aspx 和 Hardware. aspx 页）上放置一个控件。

测试导航历史记录：

（1）通过查看层次结构中第二级和第三级的页，可以测试页导航。

测试页导航：

（1）打开 Home. aspx 页，然后按 Ctrl + F5 运行该页。

（2）使用 TreeView 控件移至"产品"页。

在页中放置 SiteMapPath 控件的位置，会看到类似于下面所示的路径：

（1）"主页"→"产品"。单击"主页"返回主页。

（2）使用 TreeView 控件移至"硬件"页。

（3）此时会看到类似于下面所示的路径：

"主页"→"产品"→"硬件"

SiteMapPath 控件显示的所有页名称都是链接，除了最后一个，它表示当前页。通过将 SiteMapPath 控件的 RenderCurrentNodeAsLink 属性设置为 true，可以将当前节点变为链接。

SiteMapPath 控件可使用户沿网站层次结构向回移动，但是不允许他们跳到未处于当前层次结构路径中的页。

7. 使用 Menu 控件创建导航菜单

除了使用 TreeView 控件创建导航菜单外，还可以使用 Menu 控件显示可使用户一次查看一级节点的可展开导航菜单。将鼠标指针悬停在含有子节点的节点上方会生成子节点的子菜单。

添加菜单样式导航菜单：

（1）打开 Products. aspx 页并切换至"设计"视图。

（2）从工具箱的"导航"组中，将 Menu 控件拖动到页面上。

（3）在"Menu 任务"菜单上，在"选择数据源"框中单击"NewDataSource"。

（4）在"配置数据源 – < Datasourcename> 向导"中，单击"网站地图"，然后单击"确定"。

（5）保存页。

测试菜单样式导航菜单：

现在可以执行导航系统的临时测试。

测试导航菜单：

（1）关闭"Menu 任务"。

（2）打开 Home. aspx。

（3）按 Ctrl + F5 运行 Home. aspx 页面。

（4）树显示两级节点。

（5）单击"产品"查看"产品"页。

（6）如果未创建 Products. aspx 页，则单击确实创建过的页的链接。

（7）在导航菜单上，将鼠标指针停留在"主页"链接上以展开菜单。

在网站的当前状态下，导航菜单仅出现在"主页"上。可以向应用程序中的每个页添加相同的 SiteMapDataSource 和 Menu 控件，以便在每个页上都显示导航菜单。但是，在本演练的下一部分中，将看到如何将导航菜单放置在母版页上，这样导航菜单将自动出现在每一页中。

8. 在母版页中使用网站导航

在本演练目前为止所创建的页中，已将网站导航控件逐个添加到了每个页。执行此操作并不特别复杂，因为无需以不同的方式为每个页配置控件。但是，这可能增加网站的维护成本。例如，若要更改网站中页的 SiteMapPath 控件的位置，将不得不逐个更改每页。

通过在母版页中使用网站导航控件，可以创建在一个位置包含导航控件的布局。然后可以将其他页显示为母版页中的内容。

创建用于导航的母版页：

（1）在解决方案资源管理器中，右击网站的名称，然后单击"添加新项"。

（2）在"添加新项 ＜路径＞"对话框中：

（3）在"Visual Studio 已安装的模板"之下单击"母版页"。

（4）在"名称"框中，键入"Navigation. master"，然后单击"添加"。

（5）切换到"设计"视图。

（6）母版页出现，其中含有默认的 ContentPlaceHolder 控件。

在下面的过程中，将创建带有导航控件简单布局的母版页。在实际应用程序中，可能使用更为复杂的格式设置，但是在母版页中使用导航控件的技术都是相似的。如果使用母版页，则将网站中的页作为内容页创建。内容页使用 Content 控件定义在母版页的 ContentPlaceHolder 控件中显示的文本和控件。因此，将不得不将"主页"、"产品"和"硬件"页作为内容页重新创建。

9. 创建网站的内容页

（1）在解决方案资源管理器中，右击"Home. aspx"页，单击"删除"，然后单击"确定"。

（2）对 Products. aspx、Software. aspx、Training. aspx 和 Hardware. aspx 页以及创建的任何其他页重复步骤 1。

（3）将把这些页作为使用母版页的内容页重新创建。

（4）在解决方案资源管理器中，右击网站的名称，然后单击"添加新项"。在"添加新项"对话框中：在"Visual Studio 已安装的模板"下单击"Web 窗体"。在"名称"框中键入 Home. aspx。

（5）选择"选择母版页"复选框。单击"添加"。出现"选择母版页"对话框。在"文件夹内容"下单击"Navigation. master"，然后单击"确定"。绑定到母版页（已在前面部分创建）的内容页即已创建。

（6）切换到"设计"视图。在"设计"视图中，会看到为母版页创建的布局，其中带有对应于母版页上的 ContentPlaceHolder1 控件的可编辑区域。单击 Content 窗口内部。

（7）这里是可为此特定页添加内容的地方。键入"主页"，然后将文本格式设置为"标题 1"。这样，就为"主页"创建了静态文本（具体而言就是标题）。

（8）重复步骤 3 到 8 创建 Products. aspx 内容页和 Hardware. aspx 内容页。在步骤 8 中，分别键入"产品"和"硬件"，而不是"主页"。

10. 测试母版页中的导航控件

测试母版页和内容页与测试单个页相同。

11. 测试母版页中的导航控件

（1）打开 Products. aspx 页，然后按 Ctrl + F5 运行该页。

（2）"产品"内容页与母版页合并。在浏览器中，将看到一个页，其中包含"产品"标题以及添加在母版页中的导航控件。

（3）在 TreeView 控件中，单击"硬件"。

（4）"硬件"页显示，并且布局与"产品"页相同，不同之处是 SiteMapPath 控件显示另一个路径。

3.5　校园在线超市母版页的实现

1. 创建母版页

打开校园在线超市 ASP. NET 网站，在"解决方案资源管理器"中打开"添加新项"

对话框，在模板列表中选择"母版页"，给出母版页的名称为"MasterPage. master"，如图 3.4 所示。在"模板"列表框中选择"母版页"选项，在"名称"文本框中将其命名为 MasterPage. master。单击"添加"按钮，"母版页"即添加到解决方案资源管理器中。母版页如图 3.5 所示。MasterPage. master 的文件代码如下：

```
< head runat = " server"  >
    < title > 无标题页 < /title >
< /head >
< body >
    < form id = " form1" runat = " server"  >
    < div >
        < asp：contentplaceholder id = " ContentPlaceHolder1" runat = " server"  >
        < /asp：contentplaceholder >
    < /div >
    < /form >
< /body >
< /html >
```

上述代码可以看到，ASP. NET 默认创建了一个内容可替换区。实际应用中还需要对该文件进行布局设计。将页面设计为上、中、下三部分区域：上、下两部分显示固定内容；中间部分再分为两部分，左边显示分类导航条和用户登录，右边显示动态变化内容。修改部分代码如下：

图 3.4　创建母版页

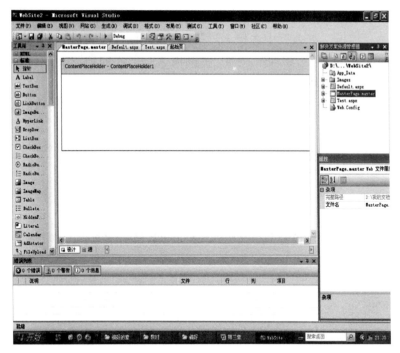

图 3.5 母版页

< form id = " form1" runat = " server" >

  < table style = " width : 1000px; height : 1200px; font - size: 9pt; font - family: 宋体; background - image: url (images/1294850_ 472733. gif); background - repeat: re-peat" align = center border = " 0" cellpadding = " 0" cellspacing = " 0" >

  < tr >

  < td valign = top >

  < table style = " width : 778px; height : 855px; font - size: 9pt; font - family: 宋体; " align = center border = " 0" cellpadding = " 0" cellspacing = " 0" >

   < tr >

    < td colspan = " 2" valign = top style = " width : 778px; height : 104px; background - image: url (images/banner. jpg); background - repeat: no - repeat " >

        < uc1: menu ID = " Menu1" runat = " server" / >

        < table style = " background - image: url (images/index1 _ 11. gif); width: 774px; height: 109px" >

       < tr >

      < td style = " width: 100px" >

      </ td >

     </ tr >

```
            </table＞
        </td＞
    </tr＞
    <tr＞
        <td style＝" width：204px；height：177px；vertical－align： top；border－left
－width： thin " ＞
            <uc2：LoadingControl id＝" LoadingControl1" runat＝" server" ＞
            </uc2：LoadingControl＞</td＞
        <td style＝" width：574px；vertical－align： top；background－image：
url（images/显示页面当前位置.jpg）；background－repeat：repeat－y；" rowspan＝" 2" ＞
    <asp：contentplaceholder id＝" ContentPlaceHolder1" runat＝" server" ＞
    </asp：contentplaceholder＞
        </td＞
    </tr＞
    <tr＞
        <td align ＝ left style＝" width：204px；vertical － align： top ； height：
            532px；" ＞
            <uc3：navigate id＝" Navigate1" runat＝" server" ＞
            </uc3：navigate＞</td＞

    </tr＞
    <tr＞
        <td colspan＝" 2" valign ＝ top style ＝" width ： 778px；height ： 116px；
background－image：url（images/底部.jpg）；background－repeat：no－repeat " ＞
            <uc4：bottom ID＝" Bottom1" runat＝" server" ／＞
        </td＞

    </tr＞
    </table＞
</td＞
</tr＞
</table＞
</form＞
```

在上面代码中，通过插入 table 元素，并添加三个单列行，将页面分为三个区域。其中，表格第一行插入图片，表格第二行又插入一个表格，左边是用户登录和分类导航条，表格第三行插入底部图片，效果如图 3.6 所示。

图 3.6 校园在线超市网站母版页

图中 ContentPlaceHolder 部分称为占位符，具体在页面上显示什么内容，则由内容页来决定。

2. 创建内容页

打开"添加新项"对话框，在模板列表中选择"Web 窗体"，如图 3.7 所示，选中图中"选择母版页"复选框，单击"添加"按钮，Visual Studio 2005 的 IDE 将弹出"选择母版页"对话框，如图 3.7 所示。

图 3.7 添加内容页

由图 3.8 可以看出，该对话框中左窗口列出了该站点的目录结果，右窗口则显示对应左边选定目录下的母版页。选择"MasterPage.master"母版页，单击"确定"按钮完成内容页的添加。切换到内容页的设计视图，将看到母版页的内容同内容页一起呈现出来。

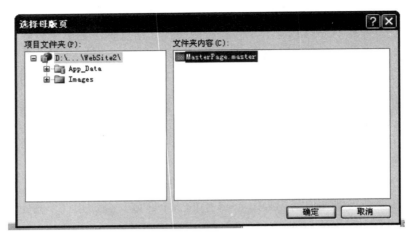

图 3.8　选择母版页

----------------------------------习题----------------------------------

（1）＜％ @ PageTheme ＝"ThemeName"％＞和＜％ @ PageStylesheetTheme ＝"ThemeName"％＞有何区别？

（2）主题包括哪几种方式？

（3）简述包含 ASP.NET 母版页的页面运行时的显示原理？

（4）描述网站地图文件的基本格式.sitemap？

（5）举例说明如何利用嵌套方式解决复杂的网站导航问题。

（6）如何在母版页中使用网站导航功能？

----------------------------------实训----------------------------------

实训项目：利用母版页快速标准化站点。

实训性质：验证性、程序设计。

实训目的：

（1）熟练掌握利用母版页快速标准化站点的方法。

（2）多区域和 Header 标记？

（3）嵌套和动态母版？

实训环境：Windows XP、Visual Studio.NET 2005。

实训内容：

（1）创建一个带有站点标题、左侧和右侧边栏、站点脚注和单个内容"区域"的母版，以此说明母版页的各种新概念和语法。

（2）此 IntroContent. aspx 文件为使用了 IntroLayout. master 母版页的内容页面。其中仅包含与该母版页中所定义的区域相对应的页面特有内容。

（3）此 MultipleRegions. master 文件具有多个区域，其中一个区域用于标题和其他 head 标记。其中还定义了一个自定义的公共属性，该属性可在每个实际页面中方便地进行设置。

（4）此 MultipleRegions. aspx 文件为使用了 MultipleRegions. master 母版页的内容页面。其中包括多个区域（包括 HTML head 中的一个区域）并使用一个自定义的属性。

（5）此 NestedLayouts. aspx 文件为使用了嵌套 ChildLayout. master 母版页的内容页面。当页面是回发时，其中还动态地使用了 MultipleRegions. master。

项目四　会员登录模块

4.1　情景分析

在校园在线超市系统中，注册会员在登录页面输入用户名和密码，点击"确定"按钮后，将在页面中显示"欢迎顾客＊＊＊光临！"提示信息。登录页面如图4.1所示。

图 4.1　登录页面

4.2　Web 窗体

随着 Web 应用的不断发展，微软在 . NET 战略中，提出了全新的 Web 应用开发技术。在 ASP. NET 中的 Web 窗体就是指一个网页，编制一个 Web 窗体就是编制一个网页。使用 Web 窗体页来创建可编程的 Web 页，这些 Web 页用作 Web 应用程序的用户界面。Web 窗体页在任何浏览器或客户端设备中向用户提供信息，并使用服务器端代码来实现应用程序逻辑。Web 窗体页输出几乎可以包含任何支持 HTTP 的语言（包括标准通用标记语言的子集 HTML 与 XML、WML 和 ECMAScript（JScript，JavaScript））。

4.1.1　Web 窗体概述

web 窗体可以存取控制网页内容，并可以与网页内容进行交互，web 窗体可以实现以下功能：

1. 浏览并控制网页

使用 web 窗体可以显示网页，并自由读取、修改、控制网页内容。也可以在网页中使用脚本调用 AAuto 代码。通过 web 窗体，你可以使用任意网页编程方式，如 javascipt，甚至 flash、ActiveX。

2. 使用网页设计漂亮的图形用户界面（GUI）

使用 web 窗体，你可以通过编写网页轻松实现自定义的程序界面。网页拥有比传统 UI 更丰富的图形展现技术，也有很多成熟的网页制作工具，使用 web 窗体，只要你会做网页就可以做出非常漂亮眩目的界面。

（1）ASP. NET Web 表单。

所有服务器控件必须出现在 < form > 标签内，同时 < form > 标签必须包含 runat = "server"属性。runat = "server"属性指示该表单必须在服务器上进行处理。它还指示装入其中的控件能否被服务器脚本访问：

< form runat = " server" > ... HTML + server controls </form >

注释：该表单总是向自身页面进行提交。如果规定一个 action 属性，它会被忽略。如果省略了 method 属性，它将被默认地设置为 method = "post"。同时，如果没有规定 name 和 id 属性，它们则由 ASP. NET 自动分配。

注释：一个 . aspx 仅能包含一个 < form runat = " server" >控件！

如果查看一个 . aspx 页面的源代码，而其中包含的表单不带有 name，method，action 或 id 属性，那么将看到 ASP. NET 已经把这些属性添加到该表单。类似这样：

< form name = " _ ctl0" method = " post" action = " page. aspx" id = " _ ctl0" >
... some code </form >

（2）提交表单。

表单通常通过点击一个按钮来提交。ASP. NET 中的 Button 服务器控件的格式如下：

< asp：Button id = " id" text = " label" OnClick = " sub" runat = " server" / >

id 属性为按钮定义了一个唯一的名称，而 text 属性则为按钮分配了一个 label。onClick 事件句柄规定了一个要执行的子例程。

4. 1. 2　Web 窗体制作

【例 4. 1】图片的变化。

建立一个新的 Web 窗体，从工具箱中拖放"ImageButton"（图形按钮）控件到窗体中，用鼠标右键单击该控件，在快捷菜单中选择"属性"命令，再选择属性中的"ImageUrl…"，然后选定在相应文件夹中的图形文件，本实例如图中的 1. jpg。再从工具箱中拖放一个"Button"（按钮）控件到窗体适当位置，并且分别将其属性中的"Text"选项设置为"开关"显示效果如图 4. 2 所示。

图 4.2　图片变化 Web 窗体

双击"开关"按钮，进入 cs 文件的编程界面，在相应的位置输入以下语句：

Protected void Button1＿ Click（object sender，EventArgs e）
{

　　Image Button1. Visible =！Image Button1. Visible；

}

完成后按 F5 键进行编译，如果正确无误，单击"开关"按钮，可以看到图形消失，再单击一次又出现。语句中的 Image1. Visible 是 Image1 的一种属性，分为 True 和 False，系统默认的属性是 True；语句中！是取当前相反的值，例如当前的图像显示属性为 False，就将其改为 True，反之也一样。

双击"开关"按钮，进入 cs 文件的编程界面，在相应的位置输入以下语句：

Protected void Button1＿ Click（object sender，EventArgs e）
{

　　If（ImageButton1. ImageUrl ＝ ＝" 1. jpg"）

　　　　Image Button1. ImageUrl = 2. jpg；

　　Else

　　　　Image Button1. ImageUrl = 1. jpg；

}

完成后按 F5 键编译，单击按钮可以看到变化的图形显示。

【例 4.2】DropDownList 控件的使用。

在页面中输入姓名，选择性别，然后单击"确定"按钮，屏幕将会根据不同的输入与选择出现不同的问候语，运行结果如图4.3所示。

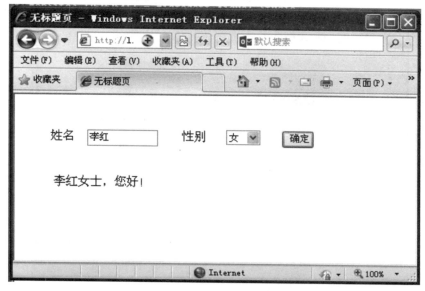

图4.3　DropDownList控件使用

建立一个新的Web窗体，从工具箱中拖放"Label"（标签）控件到窗体中，修改Text属性为姓名，再从工具箱中拖"TextBox"（文本框）控件到窗体中，再拖两个"Label"、1个DropDownList（下拉菜单）与1个"Button"控件到窗体中适当位置。

其中使用DropDownList控件时会出现如图4.4所示的对话框，选择"编辑项"命令后会弹出如图4.5所示的"List-Item集合编辑器"对话框。在该对话框"杂项"中的"Text"

图4.4　任务选择菜单

右侧输入"男"，在"Value"右侧输入"1"，然后单击左侧的"添加"按钮，继续添加选择项，如图4.6所示。

图4.5　"ListItem集合编辑器"对话框

图4.6　DropDownList控件属性设置

完成后单击"确定"按钮。用鼠标右键单击控件，右下方将出现该控件的属性设置对话框，将第一个Label的Text属性设置为"姓名"，第二个Label的Text属性设置为"性别"，第三个Label的Visible属性设置为"False"，Button的Text属性设置为"确

项目四　会员登录模块

91

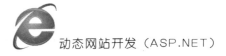

定"。

　　双击"按钮"进入"确定"按钮执行事件编辑窗口，使用 C#来编制一个 Web 窗体，实际上还包含一个相应的 . cs 文件。双击确定按钮进入 Default. aspx. cs 文件，如图 4.7 所示。

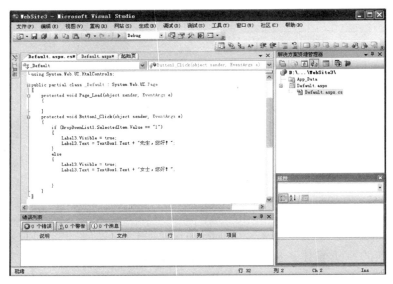

图 4.7　Default. aspx. cs 文件

　　在 private void Page_ Load（object sender，System. EventArgs e）｛｝中可以加入该页面运行时所要执行的代码。

　　在 protected void Button1_ Click（object sender，EventArgs e）｛｝中可以单击按钮时所要执行的代码。

　　此时在 ｛｝ 中加入如下代码：

　　Protected void Button1_ Click（object sender，EventArgs e）

　　｛

　　　　If（DropDownList1. SelectedItem. Value = = " 1"）

　　　　｛

　　　　　　Label3. Visible = true；

　　　　　　Label3. Text = TextBox1. Text + " 先生，好!"；

　　　　｝

　　　　Else

　　　　｛

　　　　　　Label3. Visible = true；

　　　　　　Label3. Text = TextBox1. Text + " 女士，好!"；

　　　　｝

完成后按 F5 键进行编译，执行后程序要求用户输入自己的姓名再选择性别，然后单击"确定"按扭，屏幕将会根据不同的输入与选择择出现不同的问候语。

【例4.3】改变页面上"学好 ASP. NET"字体颜色。

（1）建立一个新的 Web 窗体，从工具箱的"标准"控件中拖拽一个"Label"（标签）与一个"DropdownList"（下拉菜单）控件到界面并进行相应的属性设置，如图4.8所示。

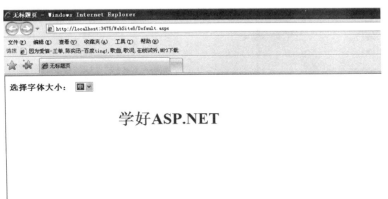

图 4.8　字体颜色变化 Web 窗体

（2）将 Label1 中的有关字体显示设置为粗体与最大号字体，然后对 DropDownList1 属性进行设置。首先，选择"DropDownList1"属性中的 Items 选项，单击"…"。

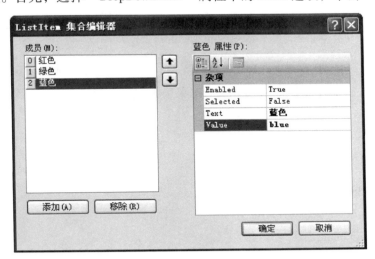

图 4.9　ListItem 集合编辑器

（3）在随后出现的如图 4.9 所示的对话框中单击"添加"按钮，对下拉菜单的名称与值进行设置。在"Text"后输入"红色"，表示菜单所显示的内容，在"Value"后输入 red，表示菜单选择后所传递的值。完成后再进行 DropDowList 事件属性的设置，如图4.10 所示。

（4）完成后再回到 DropDownList1 属性窗口，进行该属性"事件"内容的设置，选

择 "SelectedIndexChanged" 选项，如图 4.10 所示。

图 4.10　DropDownList1 的选择属性设置

图 4.11　DropDownList1 的自动返还属性设置

（5）单击该选项后进入相应的 cs 文件编辑界面，由于字体颜色变化涉及 Drawing 命名空间内容，所以在文件开始部位加入 using System. Drawing；语句，然后在 DropDown-List 选择事件中插入以下语句：

Protected void DropDownList1_ SelectedIndexChanged （object sender，EventArgs e）

{

　　Label1. ForeColor = Color. FromName （DropDownList1. SelecteValue. ToString （））；

}

（6）完成后回到 DropDownList1 属性设置窗口，选择其中 "AutoPostBack" 选项，将其设置为 True，它的作用是每当选择了下拉菜单中的一个选项之后，即刻触发 DropDown-List1 中事件的发生，如图 4.11 所示。

（7）至此就可以编译与运行了，字体的颜色会随着在下拉菜单中不同的选择即时变化。

4.2　登录的实现

4.2.1　事件驱动编程

在 . NET Framework 2.0 版中，Web 服务描述语言工具（Wsdl. exe）？生成的代理代码支持新增的 event – driven asynchronous programming model。通过将事件驱动的异步编程模型与 ASP. NET 2.0 Web 客户端的自动代理生成相结合，可以快速生成基于 Web 服务的高性能 Web 应用程序。

Multithreaded Programming with the Event – based Asynchronous Pattern 介绍一种新增的异步编程模型，该模型使用事件来处理回调，使得生成多线程应用程序更加容易，并且无需实现复杂的多线程代码本身。有关新增的事件驱动的异步模型的概述，请参见 Event – based Asynchronous Pattern Overview。有关使用该新增模型的客户端实现的详细信息，请参见 How to：Implement a Client of the Event – based Asynchronous Pattern。

在 . NET Framework 2.0 版中使用 ASP. NET 应用程序生成的 Web 服务客户端可以利用新增的 App_ WebReferences 子目录，这样便可在客户端 ASP. NET 应用程序调用支持 WSDL 协定的 XML Web services 时将 WSDL 文件动态编译为代理代码。

1. **实现事件驱动的 Web 服务客户端**

使用同步 Web 方法创建 XML Web services，该 Web 方法执行某些最好异步执行的耗时行为。

C#

```
[WebMethod]
public string HelloWorld ()
{
    Thread. Sleep (5000);
    return " Hello World";
}
```

在客户端 ASP. NET 应用程序中，将 Async 属性添加到@ Page 指令中，并将其设置为 true，然后使用@ Import 指令导入 System. Threading 命名空间。

< % @ Page Language = " C#" Debug = " true" Async = " true" % >

< % @ Import Namespace = " System. Threading" % >

若要使用自动代理生成，请生成一个 WSDL 文件（使用 Web 服务描述语言工具（Wsdl. exe））并将该文件放入客户端的 App_ WebReferences 子目录中。

通过使用服务类名称和字符串 WaitService 创建一个新对象来正常地生成 Web 服务客户端应用程序，然后将 Web 服务 URL 分配给 Url 属性。例如，如果服务类名是 HelloWorld，则客户端会创建一个 HelloWorldWaitService 对象。

HelloWorldWaitService service = new HelloWorldWaitService ();

service. Url = " http://localhost/QuickStartv20/webservices/Samples/RADAsync/cs/Server/HelloWorldWaitService. asmx";

在客户端应用程序代码中，将事件处理程序分配给代理的 Completed 事件。在下面的代码示例中，客户端 ASP. NET 页有一个 HelloWorldCompleted 方法，当 Web 服务方法返回时就调用该方法。

//Add our callback function to the event handler.

service. HelloWorldCompleted + = this. HelloWorldCompleted;

在客户端应用程序代码中，对代理调用 Async 方法。（此方法与该 Web 方法同名，但追加了 "Async"。有关详细信息，请参见 How to：Implement a Client of the Event – based Asynchronous Pattern。）此方法调用在客户端 ASP. NET 页中显示为同步调用，但它会立即

返回。在该异步调用完成，代理的 Completed 事件引发以及处理程序方法已经执行之前，客户端 ASP. NET 页不会返回到浏览器。

service. HelloWorldAsync（" second call"）；

4.2.2　Web 控件

包括：Web 用户控件与 Web 自定义控件

1. 介绍 Web 用户控件

虽然 ASP. NET 服务器控件提供了大量的功能，但它们并不能涵盖每一种情况。Web 用户控件使能够根据应用程序的需要方便地定义控件，所使用的编程技术将与用于编写 Web 窗体页的技术相同。甚至只需稍作修改即可将 Web 窗体页转换为 Web 用户控件。为了确保用户控件不能作为独立 Web 窗体页来运行，用户控件用文件扩展名 . ascx 来进行标识。

注意：不要将 Web 用户控件与 Web 自定义控件混淆。有关更多信息，请参见关于 Web 用户控件与 Web 自定义控件的建议。

用户控件结构：一个 Web 用户控件与一个完整的 Web 窗体页相似，它们都包含一个用户界面页和一个代码隐藏文件。该用户界面页在以下方面与 . aspx 文件不同：扩展名必须为 . ascx。用户控件中不包含 < HTML >、< BODY > 和 < FORM > 元素（这些元素必须位于宿主页中）。

在其他任一方面，用户控件都与 Web 窗体页相似。在用户控件上可以使用与标准 Web 窗体页上相同的 HTML 元素和 Web 控件。例如，如果要创建一个将用作工具栏的用户控件，则可以将一系列"按钮"（Button）Web 服务器控件放在该控件上，并创建这些按钮的事件处理程序。

2. 创建 Web 用户控件

设计 Web 用户控件的方式与设计 Web 窗体页的方式相同。在用户控件上可以使用与标准 Web 窗体页上相同的 HTML 元素和 Web 控件。但是，用户控件中不包含< HTML >、< BODY >和< FORM >元素，并且文件扩展名必须为 . ascx。

创建 Web 窗体用户控件：

（1）创建一个 Web 项目。有关详细信息，请参见创建 Web 项目。

（2）在"项目"菜单中单击"添加 Web 用户控件"。根据需要更改名称，然后单击"打开"在设计器中打开该控件。

（3）将文本和控件添加到设计图面。希望能够以编程方式访问的所有控件都必须是 Web 窗体服务器控件或 HTML 服务器控件。

（4）使用 Web 窗体设计器设置属性并创建的控件所需的任何代码。

下面的示例显示一个可用作菜单的简单用户控件。四个菜单选项作为 HyperlinkWeb 服务器控件来实现。

<! – – Visual Basic – – >

< % @　Control Language = " vb" AutoEventWireup = " false"

```
        Codebehind = " menu. ascx. vb" Inherits = " myProj. menu"
        TargetSchema = " http：//schemas. microsoft. com/intellisense/ie5" % >
< P >
< asp：HyperLink id = " lnkLogin" runat = " server"
        NavigateURL = " Login. aspx" > Login </asp：HyperLink >
  |
< asp：HyperLink id = " lnkAddToCart" runat = " server"
        NavigateURL = " Cart. aspx" > Add to Cart </asp：HyperLink >
  |
< asp：HyperLink id = " lnkTechSupport" runat = " server"
        NavigateURL = " TechSupport. aspx" > Technical Support </asp：HyperLink >
  |
< asp：HyperLink id = " lnkAbout" runat = " server"
        NavigateURL = " AboutUs. aspx" > About Us </asp：HyperLink >
</P >


<! - - C# - - >
< %@ Control Language = " c#" AutoEventWireup = " false"
        Codebehind = " menu. ascx. cs" Inherits = " myProj. menu"
        TargetSchema = " http：//schemas. microsoft. com/intellisense/ie5" % >
< P >
< asp：HyperLink id = " lnkLogin" runat = " server"
        NavigateURL = " Login. aspx" > Login </asp：HyperLink >
  |
< asp：HyperLink id = " lnkAddToCart" runat = " server"
        NavigateURL = " Cart. aspx" > Add to Cart </asp：HyperLink >
  |
< asp：HyperLink id = " lnkTechSupport" runat = " server"
        NavigateURL = " TechSupport. aspx" > Technical Support </asp：HyperLink >
  |
< asp：HyperLink id = " lnkAbout" runat = " server"
        NavigateURL = " AboutUs. aspx" > About Us </asp：HyperLink > </P >
```

3. 向 Web 窗体页添加用户控件

可以将 Web 用户控件添加到 Web 窗体页的"设计"视图中，方法是将该控件从解决方案资源管理器中拖出并将其放至希望它在页上出现的位置。Web 窗体设计器会自动向 Web 窗体页添加该控件的@ Register 指令和标记。从此时开始，该控件就成为页的一

部分，并将在处理该页时呈现出来。此外，该控件的公共属性、事件和方法将向 Web 窗体页公开并且可以通过编程来使用。也可以通过编程向页中添加用户控件。

注意用户控件必须与 Web 窗体页位于同一项目中。

（1）向 Web 窗体页添加用户控件。

在 Web 窗体设计器中，打开要将该控件添加到的 Web 窗体页，并确保该页以"设计"视图显示。在解决方案资源管理器中选择用户控件的文件，并将其拖到该页上。

（2）向 Web 窗体页的"HTML"视图添加用户控件。

在 Web 窗体设计器中，打开要将该控件添加到的 Web 窗体页，然后切换到"HTML"视图。

在页面顶部的 < HTML > 标记之前添加一个注册该控件的指令，以便在处理 Web 窗体页时识别该控件。可以使用该指令使一个名称和命名空间与该 Web 用户控件相关联，方法是指定 TagPrefix、TagName 和 Src 位置值。例如：

< % @ Register TagPrefix = " uc1" TagName = " menu" Src = " menu. ascx" % >

将该指令放在它自己的行中。如果没有其他指令，则使其成为文件中的第一行。

下表列出了每项属性的值。

表 4 – 1

属性	说明
TagPrefix	TagPrefix 确定用户控件的唯一命名空间，这样如果该页上的多个用户控件具有同一名称，它们就可以相互区别。它将是标记中控件名称的前缀（如 < myNameSpace：xxx > ）。
TagName	TagName 为用户控件的名称。此名称与标志前缀一起用来唯一标识控件的命名空间，如以下 prefix：tagname 元素所示： < myNameSpace：myUserControl ... / >
Src	Src 属性是用户控件的虚拟路径，例如 "UserControl1. ascx" 或 "/MyApp/Include/UserControl1. ascx"。

在文件的 < BODY > 部分，为要在其中显示该控件的控件创建一个标记。使用在第 2 步注册的 TagPrefix 和 TagName。为该控件指定一个 ID 并设置 runat = server 属性，如以下示例所示：

< uc1：menu id = " Menu1" runat = " server" / >

如果的控件具有可在设计时设置的属性，则可选择通过在如下标记中声明它们的值来设置这些属性：

< uc1：menu id = " Menu1" runat = " server" enabled = true / >

继续设计 Web 窗体页的其余部分。可以切换到"设计"视图来处理该页。用户控件在显示时将使用标志符号来指示它在页中的位置，但不会在设计器上显示 WYSIWYG 呈现效果。若要编辑该控件，请切换回"HTML"视图。

（3）以编程方式使用用户控件。

在页中注册的用户控件的公共属性、方法和事件向父 Web 窗体页公开。通过向 Web 窗体页的代码隐藏类添加用户控件的声明，即可使用用户控件到页代码的完整对象模型。

设置 Web 窗体页中某用户控件的属性：

①在解决方案资源管理器中选择用户控件文件并将其拖到页上。请记下在页上显示的用户控件的 ID。

②按 F7 键从"设计"视图切换到代码隐藏文件。

③在"声明"区域中，添加一个用于声明用户控件的行。

例如，对于类型为 WebUserControl1、ID 为 myControl1 的用户控件：

```
public class MyPage ：System. Web. UI. Page
{

  protected menu Menu1；

}
```

注意代码隐藏声明中的 ID 必须与用户控件的"设计"视图中的 ID 精确匹配。

既然已经添加了用户控件的代码声明，则可以使用该用户控件的所有公共属性、方法和事件，它们将出现在 IntelliSense 语句结束下拉列表中。

编写用于调用用户控件方法或设置用户控件属性的代码。例如：

```
Menu1. Visible = true；
Menu1. DataBind （）；
```

（4）以编程方式向 Web 窗体页添加用户控件。

若要向 Web 窗体页添加 Web 用户控件，必须执行一些在添加现有 Web 窗体服务器控件时通常不需要执行的步骤。

4. 介绍 Web 自定义控件

Web 自定义控件是在服务器上运行的编译组件，它们将用户界面和其他相关功能封装在可复用包中。Web 自定义控件可以包含标准 ASP. NET 服务器控件的所有设计时功能，包括对 Visual Studio 设计功能（如"属性"窗口、可视化设计器和工具箱）的完全支持。

注意请不要将 Web 自定义控件与 Web 用户控件混淆。

可以通过几种方式来创建 Web 自定义控件：

（1）可以编译一个控件，使其组合两个或更多个现有控件的功能。例如，如果需要一个控件来封装一个按钮和一个文本框，则可以通过将现有控件编译在一起来创建该控件。有关更多信息，请参见开发复合控件。

（2）如果某一现有的服务器控件基本上符合的要求但缺少一些必需的功能，则可以通过从该控件进行派生并重写其属性、方法和事件来自定义该控件。

（3）如果现有的 Web 服务器控件（或其组合）都不符合的要求，则可以通过从基本控件类之一进行派生来创建一个自定义控件。这些类提供 Web 服务器控件的所有基本功能，因此可以将注意力集中在所需功能的编程上。

安全说明在 Visual Studio 中，代码在设计时始终以完全受信任模式运行，即使代码最终会位于一个它将在运行时不受到完全信任的项目中。这意味着当在自己的计算机上测试自定义控件时，它可能会正确运行，但在部署的应用程序中，该自定义控件可能会因为权限不足而失败。务必要在安全上下文（即控件在实际应用程序中运行时所处的上下文）中对的控件进行测试。

5. 关于 Web 用户控件与 Web 自定义控件的建议

如果现有的 ASP. NET 服务器控件都不符合应用程序的特定要求，则可以创建封装所需功能的 Web 用户控件或 Web 自定义控件。这两种控件之间的主要区别在于设计时的易创建性与易用性。

Web 用户控件易于创建，但它们在高级方案中使用起来可能不太方便。开发 Web 用户控件的方式与开发 Web 窗体页的方式几乎完全相同。与 Web 窗体相似，用户控件可以在可视化设计器中创建，可以使用与 HTML 隔离的代码来编写，并且可以处理执行事件。但是，由于 Web 用户控件在运行时动态地进行编译，所以不能将它们添加到工具箱中，而且它们在添加到页面上时由简单的占位符标志符号来表示。

Web 自定义控件是编译的代码，这使得 Web 自定义控件更易于使用但更难于创建；Web 自定义控件必须使用代码来创建。一旦创建该控件，那么，就可以将其添加到工具箱中，并在具有完全"属性"窗口支持和 ASP. NET 服务器控件的其他所有设计时功能的可视化设计器中显示该控件。此外，还可以在全局程序集缓存中安装 Web 自定义控件的单个副本，并在应用程序之间共享该副本，这将使维护变得更容易。

如果的控件包含大量静态布局，用户控件则可能是较佳的选择。如果的控件主要是动态生成的（例如数据绑定表的行、树视图的节点或选项卡控件的选项卡），自定义控件则可能是较佳的选择。

下表概述了这两种类型之间的主要区别：

表 4 - 2

Web 用户控件	Web 自定义控件
易于创建	难于创建
为使用可视化设计工具的使用者提供有限的支持	为使用者提供完全的可视化设计工具支持
每个应用程序中需要控件的一个单独副本	仅在全局程序集缓存中需要控件的单个副本
不能添加到 Visual Studio 中的工具箱	可以添加到 Visual Studio 中的工具箱
适用于静态布局	适用于动态布局

4.2.3 Response 对象和 Request 对象

Web 应用开发中很重要的一个问题材是在 Web 页面之间的信息传递和状态维护。ASP. NET 提供了一些内置对象，如 Response、Request、Application、Server 对象等，以帮助 Web 开发人员来管理 Web 页面的状态，从而实现特定的功能。

Response 对象用于输出数据到客户端，包括向浏览器输出 数据、重定向浏览器到另一个 URL 或者停止输出数据。Response 对象是属于 Page 对象的成员，不用声明便可以直接使用，其对应 HttpResponse 类，命名空间为 System. Web。

1. Response 对象

（1）向浏览器输出数据。

在 Web 开发中使用最频繁的语句是显示文本。Response 对象提供了 Write 方法来完成这一功能。如：

Response. Write（" 这是向浏览器输出的字符串"）；

除了可以将指定的字符串输出到客户端浏览器，也可以把 HTML 标记输出 到客户端浏览器。

Response. Write（" <h2>软件技术<h2>"）；

上面的 HTML 标签<h2>和</h2>将与文本一起被发送到客户端，客户端浏览器会识别这些 HTML 标记并在 Web 页面显示为正确的形式。

（2）页面重定向。

利用 Response. Redirect 方法可以实现页面重定向，可以由一个页面地址转到另一个页面地址或 URL 地址。下面的代码表示从当前页转到名为 Test. aspx 的页面。

Response. Redirect（" Test. aspx"）；

通常，从一个页面跳转至另一个页面时，还需要传递一些信息，Response. Redirect 方法在页面跳转时，可以向另一个页面传递一些参数，如：

Response. Redirect（" Test. aspxuid = LiuLi"）；

上述代码在完成向 Test. aspx 定向时，半参数 uid 及其对应的值也传递给 Test. aspx 页。

（3）停止输出。

当 ASP. NET 文件执行时，如果遇到 Response. End 方法，就自动停止输出数据，如：

```
For（int i = 1；i < =7；i + +）
{
   Response. write（i）；
   If（i = =6）
   {
   Response. Write（" 周末快乐!"）；
   Response. End（）；
   }
}
```

上述代码输出为：12345 周末快乐!

2. Request 对象

Request 对象包含有关当前 HTTP 请求的信息。Request 对象仅可用于 ASP. NET 应用程序。

　　Request 对象的主要功能是从客户端得到数据。通过使用 Request 对象，可以访问基于表单的数据和通过 URL 发送的参数列表信息，而且还可以接收来自用户 Cookie 的信息。Request 对象是属于 Page 对象的成员，不用声明便可以直接使用，其对应 HttpResponse 类，命名空间为 System. Web。

　　（1）获取页面传递的数据。

　　在页面中设置传递的数据：

　　Response. Redirect（" Test. aspxuid = LiuLi"）;

　　获取传递的数据：

　　String uid = Redirect［" uin"］. ToString（）;

　　（2）获取 URL 信息。

　　获取站点根目录：Request. Url. Host

　　获取应和程序目录：Request. ApplicationPath

　　获取物理文件系统路径：Request. PhysicalApplicationPath

　　（3）得到客户端的信息。

　　利用 Request 对象内置的属性可以得到一些客户端的信息。

　　客户端浏览器版本：Request. UserAgent

　　客户端 IP 地址：Request. UserHostAddress

　　获取客户端浏览器版本信息的代码如下：

```
Protected void Button1_ Click（object sender，EventArgs e）
{
    Label2. Text = Request. UserAgent. ToString（）;
}
```

　　获取客户端 IP 地址：

```
Protected void Button1_ Click（object sender，EventArgs e）
{
    Label2. Text = Request.  UserHostAddress. ToString（）;
}
```

　　传递参数的代码：

```
Protected void Button1_ Click（object sender，EventArgs e）
{
    String userText = " 李红";
Response. Redirect（" Test. aspxuid = "  + userText）;
}
```

　　在 Test. aspx 页中获取传递的参数，值得注意的是获取传递参数时，需要判断参数值是否为空：

```
Protected void Page_ Load（object sender，EventArgs e）
```

```
        }

    If（Request［"uid"］！=null;

        {

        Response.Write（"<br>"+Request［"uid"］.ToString（）+"，欢迎!"）;

        }

    }
```

4.2.4　登录任务的实现

步骤1：新建名为 Login.asp 的页面，在其中添加 Label 控件、TextBox 控件和 Button 控件，并按表设置各控件相应的属性

表 4-3　界面控件设置

控件 ID	控件类型	属性设置
lblTopic	Label	Text｜在线超市会员登陆
lblTitle	Label	Text｜会员登陆
lblUserName	Label	Text｜用户名
lblUserPwd	Label	Text｜密码
txtUserName	TextBox	
txtUserPwd	TextBox	TextMode｜Password
BtnConfirm	Button	Text｜确认
btnCancel	Button	Text｜取消

在浏览器中查看所设置页面，如图 4.12 所示。

图 4.12　登录界面

步骤2：双击"确定"按扭，为 btnconfirm 控件添加事件处理程序：
Protected void btnConfirm_ Click（object sender，EventArgs e）

```
    }
        String userName = txtUserName. Text;
        String userPwd = txtUserPwd. Text;
        Response. Redirect（" LoginSucess. aspxname = " + userName + " &pwd = " + user-
Pwd）;
    }
```

步骤3：新建名为 LoginSuccess. aspx 的页面，并添加如下代码：

```
Protected void Page_ Load（object sender, EventArgs e）
    {
        if（Request［" name"］! = null&&Request［" pwd"］! = null）;
            {
            Response. Write（" < br >" + Request［" name"］. ToString（） + "，欢迎顾
            客＊＊＊光临!"）;

            }
        Else
            {
            Response. Write（" 对不起，输入有误!"）;
    }
```

步骤4：在浏览器中查看运行结果，如图4.13所示。

图4.13 登录显示结果

4.3 会员登录状态管理

在校园超市系统中，可以为会员登录提供登录密码的保存功能。当用户在有效的时

间内再次打开登录窗口时，可以直接登录。

4.3.1　状态管理

每次网页发布至服务器时，都会建立新的 Web 网页类别执行个体。在传统的 Web 程序设计中，这通常意味着与网页关联的所有信息以及网页上的控件，会在每次来回往返时遗失。例如，如果使用者在某个文字方块中输入了一些信息，这些信息将会在浏览器或客户端装置到服务器的来回往返中遗失。

为了克服这项传统 Web 程序设计的既有限制，ASP. NET 包含数种选项，帮助同时以每页为基础和以整个应用程序为基础的方式保留数据。这些功能如下所示：

（1）检视状态；

（2）控件状态；

（3）隐藏字段；

（4）Cookie；

（5）查询字符串；

（6）应用程序状态；

（7）工作阶段状态；

（8）设定文件属性。

检视状态、控件状态、隐藏字段、Cookie 和查询字符串都会以不同的方式将数据储存在客户端上。然而，应用程序状态、工作阶段状态和设定文件属性都会将数据储存在服务器的内存中。每个选项会因实际情况而不同的优缺点。

1. 客户端状态管理

客户端状态管理涉及在页中或客户端计算机上存储信息，在各往返行程间不会在服务器上维护任何信息。客户端状态管理往往具有最低的安全性，但其具有服务器性能，因为对服务器资源的要求是适度的。它提供可供维护状态的各个选项。

（1）检视状态。

ViewState 属性提供 Dictionary 对象来保留对相同网页的多个要求之间的值。这是网页用来在来回往返之间保留网页和控件属性值的预设方法。

处理网页时，网页目前的状态和控件会杂凑至字符串中，并且储存在网页中当做一个隐藏字段，或是如果储存在 ViewState 属性的数据量超过 MaxPageStateFieldLength 属性中指定的值时，则会当做多个隐藏字段。网页回传到服务器时，网页会在网页初始化时剖析检视状态字符串，并且还原网页中的属性信息。

（2）控件状态。

若为了让控件能够正常运作，需要储存控件状态数据。例如，如果撰写拥有可以显示不同信息之索引卷标的自订控件，为了让该控件如预期般发挥作用，控件需要知道在来回往返之间所选取的索引卷标。ViewState 属性可以达到这项用途，但是开发人员可以在页面层次关闭检视状态，就会有效中断的控件。若要解决这个问题，ASP. NET 网页架

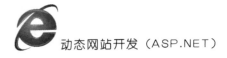

构公开（Expose）一项 ASP. NET 中的功能，称为控件状态。

ControlState 属性可让保存特定控件的属性信息，并且无法像 ViewState 属性一样被关闭。

（3）隐藏字段。

ASP. NET 可以让将信息储存在 HiddenField 控件中，并以标准 HTML 隐藏字段呈现。隐藏字段在浏览器中不会以可见的方式呈现，但是可以设定它的属性，就像是设定标准控件一样。当网页被送出到服务器时，隐藏字段的内容会与其它控件的值一起在 HTTP Form 集合中传送。隐藏字段就像是一种储存机制，让储存想要直接储存在网页中的任何网页特定信息。

HiddenField 控件会在 Value 属性中储存单一变量，而且必须明确地加入至网页。若要让隐藏字段值在网页处理时能够使用，必须使用 HTTP Post 命令送出网页。如果使用隐藏字段，并且以响应连结或 HTTP GET 命令来处理网页，则会无法使用隐藏字段。

（4）Cookie。

Cookie 是储存在客户端档案系统的文字文件中，或是客户端浏览器工作阶段内存储器中的少量数据。它包含服务器随着网页输出一起传送至客户端的网站特定信息。Cookie 可 以 是 暂 时 性 的（有 特 定 的 到 期 时 间 和 日 期），也 可 以 是 永 续 性（Persistent）的。

可以使用 Cookie 来储存特定客户端、工作阶段或应用程序的相关信息。Cookie 储存在客户端装置上，当浏览器要求网页时，客户端会将 Cookie 中的信息以及要求的信息一起传送。服务器可以读取 Cookie 并且撷取它的值。最常见的运用是用来储存语汇基元（可能是加密的），表示该使用者已经在应用程序中验证过了。

（5）查询字符串。

查询字符串是附加在网页 URL 结尾的信息。典型的查询字符串范例如下：

http：//www. contoso. com/listwidgets. aspxcategory = basic&price = 100

在上述的 URL 路径中，查询字符串是以问号（）为开头，并且包含了两个属性/值组，一个名为"category"，另一个为"price"。查询字符串提供简单但功能受限的方式来维护状态信息。例如，它们可以很轻易地将信息从一个网页传递到另一个网页（例如从某个网页将产品编号传递到另一个处理这些编号的网页）。但是，某些浏览器和客户端装置对于 URL 的长度都有 2083 个字符的限制。

若要让查询字符串能在网页处理时使用，必须使用 HTTP Get 方法送出网页。也就是说，如果网页是以响应 HTTP Post 命令的方法处理，就不能利用查询字符串。

2. 服务器端状态管理

ASP. NET 提供各种方式让维护服务器上的状态信息，而不是在客户端上保存信息。使用服务器端状态管理时，可以减少传送给客户端的信息量以便保留状态，但是可能会使用很多服务器资源。下列章节描述三种服务器端状态管理功能：应用程序状态、工作阶段状态和设定文件属性。

（1）应用程序状态。

ASP. NET 允许使用应用程序状态（为 HttpApplicationState 类别的执行个体）储存每个作用中 Web 应用程序的值。应用程序状态是全域储存机制，Web 应用程序中的所有页面都能够存取。因此，对于需要在服务器来回往返之间以及网页要求之间维护的信息，应用程序状态是储存这些信息的好方法。

应用程序状态是储存在每次要求特定 URL 期间建立的索引键/值字典中。可以将的应用程序专属信息加入至此结构，以便在网页要求之间储存。

一旦将的应用程序专属信息加入至应用程序状态之后，服务器就可以管理它了。

（2）工作阶段状态。

ASP. NET 允许使用工作阶段状态（为 HttpSessionState 类别的执行个体）储存每个作用中 Web 应用程序工作阶段的值。

工作阶段状态与应用程序状态类似，不同之处在于它的范围仅限于目前的浏览器工作阶段。如果不同的使用者使用的应用程序，每个使用者工作阶段都有不同的工作阶段状态。此外，如果同一位使用者离开了的应用程序但稍后又回来，则第二个使用者工作阶段与第一个的工作阶段状态并不相同。

工作阶段状态是索引键/值字典的结构，用来存放需要在服务器来回往返之间和网页要求之间维护的工作阶段特定信息。

也可以使用工作阶段状态完成下列工作：

①明确地识别浏览器或客户端装置要求，并且将它们对应到服务器上的个别工作阶段执行个体。

②在服务器上储存工作阶段专属数据，供同一工作阶段中的多个浏览器或客户端装置要求使用。

③引发适当的工作阶段管理事件。此外，还可以撰写使用这些事件的应用程序程序代码。

④一旦将的应用程序专属信息加入至工作阶段状态之后，服务器就可以管理这个对象了。视指定的选项而定，工作阶段信息可以储存在 Cookie、跨处理序（Out – Of – Process）服务器或执行 Microsoft SQL Server 的计算机中。

（3）设定文件属性。

ASP. NET 提供称为设定文件属性的功能，可以让储存使用者相关的资料。这项功能与工作阶段状态类似，不同之处在于当使用者工作阶段过期时，设定文件数据不会遗失。设定文件属性功能会使用 ASP. NET 设定档，其使用永续性格式储存并且与个别使用者相关联。ASP. NET 设定文件可让轻易地管理使用者信息，而不需要建立和维护的数据库。此外，设定档使用强型别（Strongly Typed）API 将使用者信息成为可用，可以在应用程序中的任何地方存取这些 API。可以在设定档中储存任何型别的对象。ASP. NET 设定文件功能提供泛型的储存系统，让定义和维护几乎任何种类的数据，但是数据仍然可以用型别安全的方式使用。

若要使用设定文件属性，必须设定设定档提供者。ASP. NET 包含一个 SqlProfilePro-vider 类别，可让将设定文件数据储存在 SQL 数据库中，但是也可以建立自己的设定档提供者类别，将设定文件数据以自订格式储存（如 XML 档案），以及储存至自订储存机制（如 Web 服务）。

因为设定文件属性中的数据并不会储存在应用程序的内存中，所以在因特网信息服务（IIS）和背景工作处理序重新启动时，能够保留下来而不会遗失数据。此外，设定文件属性可以横跨 Web 伺服数组或 Web 处理序区中的多个处理序而保留下来。

4.3.2 Cookie 对象

Cookie 是一小段文本信息，伴随着用户请求和页面在 Web 服务器和浏览器之间传递。用户每次访问站点时，Web 应用程序都可以读取 Cookie 包含的信息。

Cookie 跟 Session、Application 类似，也是用来保存相关信息，但 Cookie 和其他对象的最大不同是，Cookie 将信息保存在客户端，而 Session 和 Application 是保存在服务器端。也就是说，无论何时用户连接到服务器，Web 站点都可以访问 cookie 信息。这样，既方便用户的使用，也方便了网站对用户的管理。

ASP. NET 包含两个内部 Cookie 集合。通过 HttpRequest 的 Cookies 集合访问的集合包含通过 Cookie 标头从客户端传送到服务器 的 Cookie。通过 HttpResponse 的 Cookies 集合访问的集合包含一些新 Cookie，这些 Cookie 在服务器上创建并以 Set – Cookie 标头的形式传输到客户端。

1. Cookie 对象的属性

（1） Name

说明：获取或设置 Cookie 的名称

属性值：Cookie 的名称

（2） Value

说明：获取或设置 Cookie 的 Value

属性值：Cookie 的 Value

（3） Expires

说明：获取或设置 Cookie 的过期日期和时间

属性值：作为 DateTime 实例的 Cookie 过期日期和时间

（4） Version

说明：获取或设置此 Cookie 符合的 HTTP 状态维护版本

属性值：此 Cookie 符合的 HTTP 状态维护版本

2. Cookie 对象的方法

（1） Add

说明：新增一个 Cookie 变量

（2）Clear

说明：清除 Cookie 集合内的变量

（3）Get

说明：通过变量名或索引得到 Cookie 的变量值

（4）GetKey

说明：以索引值来获取 Cookie 的变量名称

（5）Remove

说明：通过 Cookie 变量名来删除 Cookie 变量

3. **举例**

实例 1：设置 Cookie

下面的示例将创建名为"LastVisit"的新 Cookie，将该 Cookie 的值设置为当前日期和时间，并将其添加到当前 Cookie 集合中，所有 Cookie 均通过 HTTP 输出流在 Set – Cookie 头中发送到客户端。

```
HttpCookie MyCookie = new HttpCookie（" LastVisit"）；
DateTime now = DateTime. Now；
MyCookie. Value = now. ToString（）；
MyCookie. Expires = now. AddHours（1）；
Response. Cookies. Add（MyCookie）；
```

运行上面例子，将会在用户机器的 Cookies 目录下建立如下内容的文本文件：

mycookie

LastVisit

尽管上面的这个例子很简单，但可以从中扩展许多富有创造性的应用程序。

实例 2：获取客户端发送的 Cookie 信息

下面的示例是依次通过客户端发送的所有 Cookie，并将每个 Cookie 的名称、过期日期、安全参数和值发送到 HTTP 输出。

```
int loop1, loop2；
HttpCookieCollection MyCookieColl；
HttpCookie MyCookie；
MyCookieColl = Request. Cookies；
//把所有的 cookie 名放到一个字符数组中
String [ ] arr1 = MyCookieColl. AllKeys；
//用 cookie 名获取单个 cookie 对象
for（loop1 = 0；loop1 < arr1. Length；loop1 + +）
{
    MyCookie = MyCookieColl [ arr1 [ loop1 ]]；
    Response. Write（" Cookie：" + MyCookie. Name + " < br >"）；
```

```
        Response. Write（" Expires：" + MyCookie. Expires + "  ＜ br ＞"）；
        Response. Write（" Secure：" + MyCookie. Secure + "  ＜ br ＞"）；
    //将单个 cookie 的值放入一个对象数组
        String ［］ arr2 = MyCookie. Values. AllKeys；
    //遍历 cookie 值集合打印所有值
        for（loop2 = 0；loop2 ＜ arr2. Length；loop2 ++）
        ｛
            Response. Write（" Value" + loop2 + "：" + arr2 ［loop2］ + "  ＜ br ＞"）；
        ｝
```

4.3.3　Application 对象

Application 对象是 HttpApplicationState 类的一个实例。

HttpApplicationState 类的单个实例，将在客户端第一次从某个特定的 ASP. NET 应用程序虚拟目录中请求任何 URL 资源时创建。对于 Web 服务器上的每个 ASP. NET 应用程序，都要创建一个单独的实例。然后通过内部 Application 对象公开对每个实例的引用。Application 对象使给定应用程序的所有用户之间共享信息，并且在服务器运行期间持久地保存数据。因为多个用户可以共享一个 Application 对象，所以必须要有 Lock 和 Unlock 方法，以确保多个用户无法同时改变某一属性。Application 对象成员的生命周期止于关闭 IIS 或使用 Clear 方法清除。

1. Application 对象的属性

（1）AllKeys

说明：获取 HttpApplicationState 集合中的访问键

属性值：HttpApplicationState 对象名的字符串数组

（2）Count

说明：获取 HttpApplicationState 集合中的对象数

属性值：集合中的 Item 对象数。默认为 0

2. Application 对象的方法

（1）Add

说明：新增一个新的 Application 对象变量

（2）Clear

说明：清除全部的 Application 对象变量

（3）Get

说明：使用索引关键字或变数名称得到变量值

（4）GetKey

说明：使用索引关键字来获取变量名称

（5）Lock

说明：锁定全部的 Application 变量

（6）Remove/RemoveAll

说明：使用变量名称删除一个 Application 对象/删除全部的 Application 对象变量

（7）Set

说明：使用变量名更新一个 Application 对象变量的内容

（8）UnLock

说明：解除锁定的 Application 变量

3. 举例

实例 1：设置、获取 Application 对象的内容

代码如下：

```
<script language = " C#" runat = " server" >
void Page_ Load (object sender, System. EventArgs e)
{
    Application. Add (" App1"," Value1");
    Application. Add (" App2"," Value2");
    Application. Add (" App3"," Value3");
    int N;
    for (N =0; N < Application. Count; N + +)
    {
        Response. Write (" 变量名:" + Application. GetKey (N));
        Response. Write (" 变量值:" + Application. Get (N) +" <br>");
    }
    Application. Clear ();
}
</script>
```

在本例中，首先通过 Add 方法添加三个 Application 对象，并赋以初值，接着通过 Count 属性得到 Application 对象的数量，然后通过循环操作 GetKey 方法和 Get 方法分别得到新增对象的"索引"和"索引"所对应的"值"。

执行上面代码，得到如下结果：

变量名：App1 变量值：Value1

变量名：App2 变量值：Value2

变量名：App3 变量值：Value3

实例 2：Application 对象的加锁与解锁

Lock 方法可以阻止其他客户修改存储在 Application 对象中的变量，以确保在同一时刻仅有一个客户可修改和存取 Application 变量。如果用户没有明确调用 Unlock 方法，则服务器将在页面文件结束或超时即可解除对 Application 对象的锁定。

Unlock 方法可以使其他客户端在使用 Lock 方法锁住 Application 对象后，修改存储在该对象中的变量。如果未显式地调用该方法，Web 服务器将在页面文件结束或超时后解锁 Application 对象。

使用方法如下：

Application. Lock（）；

Application［" 变量名"］ =" 变量值"；

Application. UnLock（）；

以下是一个访问该网页次数的程序，即计数器：

Application. Lock（）；

Application［" counter"］ = Convert. ToInt32（Application［" counter"］） + 1；

Application. UnLock（）；

您为本网站第 < % = Application［" counter"］% > 位客人！

4. 3. 4　Session 对象

Session 对象是 HttpSessionState 的一个实例。该类为当前用户会话提供信息，还提供对可用于存储信息的会话范围的缓存的访问，以及控制如何管理会话的方法。

Session 的出现填补了 HTTP 协议的局限。HTTP 协议工作过程是，用户发出请求，服务器端做出响应，这种用户端和服务器端之间的联系都是离散的、非连续的。在 HTTP 协议中没有什么能够允许服务器端来跟踪用户请求的。在服务器端完成响应用户的请求后，服务器端不能持续与该浏览器保持连接。从网站的 观点上看，每一个新的请求都是单独存在的，因此，当用户在多个主页间转换时，就根本无法知道他的身份。

使用 Session 对象存储特定用户会话所需的信息。这样，当用户在应用程序的 Web 页之间跳转时，存储在 Session 对象中的变量将不会丢失，而是在整个用户会话中一直存在下去。

当用户请求来自应用程序的 Web 页时，如果该用户还没有会话，则 Web 服务器将自动创建一个 Session 对象。当会话过期或被放弃后，服务器将中止该会话。

当用户第一次请求给定的应用程序中的 aspx 文件时，ASP. NET 将生成一个 SessionID。SessionID 是由一个复杂算法生成的号码，它唯 一标识每个用户会话。在新会话开始时，服务器将 Session ID 作为一个 cookie 存储在用户的 Web 浏览器中。

在将 SessionID cookie 存储于用户的浏览器之后，即使用户请求了另一个 . aspx 文件，或请求了运行在另一个应用程序中的 . aspx 文件，ASP. NET 仍会重用该 cookie 跟踪会话。与此相似，如果用户故意放弃会话或让会话超时，然后再请求另一个 . aspx 文件，那么 ASP. NET 将以同一个 cookie 开始新 的会话。只有当服务器管理员重新启动服务器，或用户重新启动 Web 浏览器时，此时存储在内存中的 SessionID 设置才被清除，用户将会获得新的 SessionID cookie。

通过重用 SessionID cookie，Web 应用程序将发送给用户浏览器的 cookie 数量降为最低。另外，如果用户决定该 Web 应用程序不需要会话管理，就可以不让 Web 应用程序跟踪会话和向用户发送 SessionID。

Session 对象最常见的一个用法就是存储用户的首选项。例如，如果用户指明不喜欢查看图形，另外其还经常被用在鉴别客户身份的程序中。要注意的是，会话状态仅在支持 cookie 的浏览器中保留，如果客户关闭了 cookies 选项，Session 也就不能发挥作用了。

ASP.NET 的 Sessions 非常好用，能够利用 Session 对象来对 Session 全面控制，如果需要在一个用户的 Session 中存储信息，只需要简单地直接调用 Session 对象就可以了，下面就是个例子：

Session［" Myname"］= Response. form（" Username"）；

Session［" Mycompany"］= Response. form（" Usercompany"）；

应注意的是，Session 对象是与特定用户相联系的。针对某一个用户赋值的 Session 对象是和其他用户的 Session 对象完全独立的，不会相互影响。换句话说，这里面针对每一个用户保存的信息是每一个用户自己独享的，不会产生共享情况。很明显，对于不同的用户，Session 对象的 Myname 变量和 Mycompany 变量各自是不同的，当每个人在网站的不同主页间浏览时，这种针对个人的变量会一直保留，这样作为身份认证是十分有效的。

1. Session 对象的属性

（1）Count

说明：获取会话状态集合中 Session 对象的个数

属性值：Session 对象的个数

（2）TimeOut

说明：获取或设置在会话状态提供程序终止会话之前各请求之间所允许的超时期限

属性值：超时期限（以分钟为单位）

（3）SessionID

说明：获取用于标识会话的唯一会话 ID

属性值：会话 ID

2. Session 对象的方法

（1）Add

说明：新增一个 Session 对象

（2）Clear

说明：清除会话状态中的所有值

（3）Remove

说明：删除会话状态集合中的项

（4）RemoveAll

说明：清除所有会话状态值

3. 举例

实例 1：获取 Session 对象的个数

Count 属性可以帮助统计正在使用的 Session 对象的个数，语句非常简单，示例如下：

Response. Write（Session. Count）；

实例 2：设置 Session 对象的生存期

每一个客户端连接服务器后，服务器端都要建立一个独立的 Session，并且需要分配额外的资源来管理这个 Session，但如果客户端因某些原因，例如，去忙其他的工作，停止了任何操作，但没有关闭浏览器，那么这种情况下，服务器端依然会消耗一定的资源来管理 Session，这就造成了对服务器资源的浪费，降低了服务器的效率。所以，可以通过设置 Session 生存期，以减少这种对服务器资源的浪费。

要更改 Session 的有效期限，只要设定 TimeOut 属性即可；TimeOut 属性的默认值是 20 分钟。

```
< Html >
< Form Runat = " Server" ID = " Form1" >
< Asp：Button Id = " Button1" Text = " 演示" OnClick = " Button1_ Click" Runat = " Server" / >
目前时间：< Asp：Label Id = " Label1" Runat = " Server" / >
< P >
第一个 Session 的值：< Asp：Label Id = " Label2" Runat = " Server" / > < Br >
第二个 Session 的值：< Asp：Label Id = " Label3" Runat = " Server" / > < Br >
< /Form >
< Script Language = " c#" Runat = " Server" >
void Page_ Load（object sender，System. EventArgs e）
{
    if（! Page. IsPostBack）
    {
                Session［" Session1"］ = " Value1"；
                Session［" Session2"］ = " Value2"；
                Session. Timeout = 1；
                DateTime now = DateTime. Now；
                string format = " HH：mm：ss"；
                Label1. Text = now. ToString（format）；
                Label2. Text = Session［" Session1"］. ToString（）；
                Label3. Text = Session［" Session2"］. ToString（）；
    }
}
void Button1_ Click（object sender，System. EventArgs e）
{
```

```
        DateTime now = DateTime. Now;
        string format = " HH：mm：ss";
        Label1. Text = now. ToString（format）;
        Label2. Text = Session［" Session1"］. ToString（）;
        Label3. Text = Session［" Session2"］. ToString（）;
    }
</Script >
</Html >
```

在本例中，通过 Timeout 属性设置了 Session 的生存期为 1 分钟。运行上面代码，显示结果，一分钟后，单击"演示"按钮，页面会出现错误，提示

Label2. Text = Session［" Session1"］. ToString（）;

Label3. Text = Session［" Session2"］. ToString（）;

这两句代码错误，为什么会这样呢？原因就在于，Session 的生存期限超过了一分钟，已经无法获得 Session［" Session1"］和 Session［" Session2"］的值。

4.3.5　Server 对象

Server 对象是 HttpServerUtility 的一个实例。该对象提供对服务器上的方法和属性的访问。

1. Server 对象的属性

（1）MachineName

说明：获取服务器的计算机名称

属性值：本地计算机的名称

（2）ScriptTimeout

说明：获取和设置请求超时

属性值：请求的超时设置（以秒计）

2. Server 对象的方法

（1）CreateObject

说明：创建 COM 对象的一个服务器实例

（2）CreateObjectFromClsid

说明：创建 COM 对象的服务器实例，该对象由对象的类标识符（CLSID）标识

（3）Execute

说明：使用另一页执行当前请求

（4）Transfer

说明：终止当前页的执行，并为当前请求开始执行新页

（5）HtmlDecode

说明：对已被编码以消除无效 HTML 字符的字符串进行解码

（6）HtmlEncode

说明：对要在浏览器中显示的字符串进行编码

（7）MapPath

说明：返回与 Web 服务器上的指定虚拟路径相对应的物理文件路径

（8）UrlDecode

说明：对字符串进行解码，该字符串为了进行 HTTP 传输而进行编码并在 URL 中发送到服务器

（9）UrlEncode

说明：编码字符串，以便通过 URL 从 Web 服务器到客户端进行可靠的 HTTP 传输

3. 举例

实例 1：返回服务器计算机名称

通过 Server 对象的 MachineName 属性来获取服务器计算机的名称，示例如下：

```
＜Script Language＝" c#" Runat＝" Server" ＞
void Page_ Load（object sender, System. EventArgs e）
{
    String ThisMachine;
    ThisMachine ＝ Server. MachineName;
    Response. Write（ThisMachine）;
}
＜／Script＞
```

实例 2：设置客户端请求的超时期限

用法如下：

```
Server. ScriptTimeout ＝ 60;
```

本例中，将客户端请求超时期限设置为 60 秒，如果 60 秒内没有任何操作，服务器将断开与客户端的连接。

----------------------------------- 习题 -----------------------------------

1. 单项选择题

（1）有关 HtmlGenericControl 控件的属性，下面描述错误的是_____。

A. InnerHtml 属性设置或返回 HTML 元素开始标签和结束标签之间的内容

B. InnerText 属性设置或返回 HTML 元素开始标签和结束标签之间的所有文本

C. InnerHtml 属性自动对进出 HTML 实体的特殊字符进行编码

D. InnerText 属性自动对进出 HTML 实体的特殊字符进行编码

（2）在 HtmlInput 控件中，以下不能作为 Type 属性取值的是_____。

A. Button　　　　　　B. File　　　　　　C. List　　　　　　D. Radio

（3）在 HtmlInputRadioButton 控件中，控制只能选取一个单选按钮的属性是_____
____。

A. Name 属性　　　　　B. GroupName 属性　C. ID 属性　　　　　D. Checked 属性

（4）在 Button 控件中，用于停止验证控件验证的属性是_____。

A. Validation 属性　　　　　　　　　B. Causes 属性

C. CausesValidation 属性　　　　　　D. ControlToValidation 属性

（5）Calendar 控件中 SelectionMode 属性不包括以下_____的值。

A. None　　　　　　　B. Day　　　　　　C. Week　　　　　　D. DayWeek

（6）TextBox 控件中，用于显示标准密码框的属性是_____。

A. TextMode　　　　　B. Password　　　　C. Type　　　　　　D. Mode

（7）在以下验证控件中，不需要指定 ControlToValidation 属性的验证控件是_____
____。

A. CompareValidator 控件　　　　　　B. RangeValidator 控件

C. CustomValidator 控件　　　　　　　D. ValidationSummary 控件

（8）在验证控件中 ErrorMessage 属性、Text 属性均设置有文本信息，当验证失败时，
验证控件显示的错误信息提示是_____属性中设置的文本信息。

A. ErrorMessage 属性　　　　　　　　B. Text 属性

C. 不显示　　　　　　　　　　　　　D. 不能确定

（9）下面选项中不能够通过正则表达式" \ w + \ d " 验证的是_____。

A. aabb　　　　　　　B. 1122　　　　　　C. aa11　　　　　D. 11a2

（10）有关 RequiredFieldValidator 控件 InitialValue 属性，以下说法错误的是_____
____。

A. 设置关联输入控件的初始值

B. 获取关联输入控件的初始值

C. 当关联的输入控件在失去焦点时的值与此 InitialValue 匹配时，验证失败

D. 当关联的输入控件在失去焦点时的值与此 InitialValue 匹配时，验证成功

2. 填空题

（1）HTML 服务器控件位于以_____命名的空间中。

（2）HTML 服务器控件是_____，_____。

（3）页面上的任意 HTML 元素都可转换为 HTML 服务器控件，作为最低要求，通过
添加_____属性，HTML 元素即可转换为 HTML 服务器控件。

（4）HtmlAnchor 控件的 Target 属性取值可为：_____、_____、
__和_____。

（5）所有的服务器控件都必须包括在一对_____控件标签中。

（6）在 HTML 中，使用 HtmlInputFile 控件创建_____。

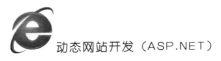

（7）HtmlSelect 控件中控制可以一次选择多行的属性是：_____，ListBox 控件中控制可以一次选择多行的属性应设置：_____。

（8）Web 服务器控件位于以_____命名的空间中。

（9）Web 服务器控件的基本属性是指_____。

（10）AdRotator 控件是一个广告控件，此控件使用_____文件存储广告信息。

（11）Button 控件用来在 Web 页面上创建一个按钮。按钮既可能是提交按钮，又可能是一个命令按钮，默认情况下是_____按钮。这两种按钮的主要区别在于提交按钮不支持_____和_____两个属性。

（12）在浏览器中用来显示日历的 Web 服务器控件是_____控件。

（13）在 HtmlImage 控件中用来设置图片 URL 路径的属性是_____，在 Image Web 服务器控件中用于设置图片 URL 路径的属性是_____。

（14）在 Web 服务器控件中，可以作为容器的服务器控件包括_____和_____。

（15）在 Web 服务器控件中，AutoPostBack 属性的功能是_____。

（16）确定 CheckBoxList 控件中被选定复选框的方法是：_____。

（17）验证控件包括：_____控件、_____控件、_____控件、_____控件、_____控件和_____控件。

（18）验证控件的 Displary 属性可以取值为：_____、_____和_____。

实训

实训项目：全面掌握 ASP．NET 服务器控件的使用。

实训性质：程序设计。

实训目的：

（1）熟练掌握服务器控件的使用。

（2）熟练掌握用户控件的创建。

（3）熟练掌握验证控件的使用。

（4）熟练掌握在 Web 页面中使用用户控件。

实训环境：Windows XP/2000、Visual Studio．NET 2003。

实训内容：

（1）新建一个用户控件，完成新用户注册信息的录入，注册信息包括用户 ID、密码、密码确认、姓名、性别、国家、城市、地址、邮政编码、电话号码、电子邮件等。注册成功时显示欢迎消息，并显示用户注册的内容。要注册成功，用户必须提供用户 ID 和密码。

（2）再新建一个 Web 窗体页面，在页面中使用前面创建的用户控件完成用户注册页面。

实训指导：

（1）实训内容（1）分析与提示。

①该实训主要是让读者掌握用户控件的创建、服务器控件的使用和验证控件的使用。创建用户控件的好处是能够很容易地在多个页面重复使用。

②在 VS. NET 中新建一个解决方案，然后添加一个用户控件文件。在【解决方案资源管理】窗口，右击项目名称，在弹出菜单中选择【添加】|【添加 Web 用户控件】，在随后打开的【添加新项】窗口中的【输入名称】栏中输入用户控件的名称，比如：Lab3_ 1. ascx，按 Enter 键完成用户控件文件的生成。

③确定所需控件和类型。在用户控件 Lab3_ 1. ascx 的"设计视图"状态，从工具栏拖入需要的控件。用户 ID、密码、密码确认、姓名、城市、地址、电话号码、电子邮件使用 TextBox 控件；性别、国家使用 DropDownList 控件；一般的说明文字使用 Label 控件；然后再拖入一个 Button 控件，将 Button 控件的 Text 属性设置为"注册用户"。

④确定验证控件类型。需要为用户 ID、密码使用 RequiredFieldValidator 验证控件来要求这两个字段内容必填；密码和密码确认使用 CompareValidator 验证控件来验证两次输入的密码是否一致；邮政编码、电子邮件使用 RegularExpressionValidator 验证控件来验证这两个字段的内容填写是否符合要求。为了方便进行布局，可以使用 HTML Table 表格。

⑤设置验证控件的正则表达式。关联邮政编码的 RegularExpressionValidator 验证控件的正则表达式为"\ d {6}"，即邮政编码要求输入 6 位的数字；关联电子邮件的 RegularExpressionValidator 验证控件的正则表达式为"\ w + （［ - +.］\ w +）* @ \ w + （［ -.］\ w +）* \. \ w + （［ -.］\ w +）*"，即电子邮件要求输入符合格式的邮件地址，如：Owen@ hotmail. com。

⑥在用户控件的"设计视图"状态，双击 Button 控件，系统将自动生成 Button 控件的 On_ Click 事件及其事件处理代码框架，在 Button 控件的 On_ Click 事件中输入以下代码。

```
private void Button1_ Click （object sender, System. EventArgs e）
｛
Response. Write （"＜ script language ='javascript'＞alert（'注册成功!'）;
＜/ script ＞"）;
span1. InnerHtml = " 注册信息：＜ br ＞";
span1. InnerHtml + = " 用户 ID:" + UserID_ Edit. Text + "＜ br ＞";
span1. InnerHtml + = " 密码:" + Password_ Edit. Text + "＜ br ＞";
span1. InnerHtml + = " 姓名:" + Name_ Edit. Text + "＜ br ＞";
span1. InnerHtml + = " 国家:" + Country_ DropDownList. SelectedItem. Text +
"＜ br ＞";
```

```
span1. InnerHtml + = " 城市:" + City_ Edit. Text + " < br > ";
span1. InnerHtml + = " 地址:" + Address_ Edit. Text + " < br > ";
span1. InnerHtml + = " 邮政编码:" + PostCode_ Edit. Text + " < br > ";
span1. InnerHtml + = " 电话号码:" + Phone_ Edit. Text + " < br > ";
span1. InnerHtml + = " 电子邮件:" + EMail_ Edit. Text + " < br > ";
}
```

在页面的 Page_ Load 事件中初始化国家的下拉列表框的值，事件处理代码所下。

```
private void Page_ Load ( object sender, System. EventArgs e)
{
// 在此处放置用户代码以初始化页面
if (! IsPostBack)
{
Country_ DropDownList. Items. Clear ( );
Country_ DropDownList. Items. Add ( " – –请选择国家– –");
Country_ DropDownList. Items. Add ( " 中国");
Country_ DropDownList. Items. Add ( " 美国");
Country_ DropDownList. Items. Add ( " 俄罗斯");
Country_ DropDownList. Items. Add ( " 朝鲜");
Country_ DropDownList. Items. Add ( " 韩国");
Country_ DropDownList. Items. Add ( " 日本");
// Country_ DropDownList. SelectedIndex = 0;
}
}
```

⑦至此，用户控件 Lab3_ 1. ascx 创建完成。

（2）实训内容（2）分析与提示。

①该实训主要是让读者掌握在 Web 页面中使用用户控件的方法。

②在【解决方案资源管理】窗口，右击项目名称，在弹出菜单中选择【添加】|【添加 Web 窗体】，在随后打开的【添加新项】窗口中的【输入名称】栏中输入用户控件的名称，比如：Lab3 – 1. aspx，按 Enter 键完成 Web 窗体文件的生成。

③在 Lab3 – 1. aspx 窗体的"设计视图"下，从【解决方案资源管理】窗口中选中 Lab3_ 1. ascx 文件，将其拖入 Lab3 – 1. aspx 窗体的"设计视图"中就完成了在 Web 页面中使用用户控件。然后切换到 Lab3 – 1. aspx 窗体的"HTML 视图"查看窗体的 HTML 代码，代码内容如下。

```
< %@ Page language = " c#" AutoEventWireup = " true" % >
< %@ Register TagPrefix = " uc1" TagName = " Lab3_ 1" Src = " Lab3_ 1. ascx"
% >
```

＜HTML＞

＜body MS_ POSITIONING = " GridLayout" ＞

＜form id = " Form1" method = " post" runat = " server" ＞

＜FONT face = " 宋体" ＞

＜uc1：Lab3 _ 1 id = " Lab3 _ 12" runat = " server" ＞ ＜/uc1：Lab3 _ 1 ＞ ＜/FONT ＞

＜/form ＞

＜/body ＞

/HTML ＞

＜

④在浏览器中查看 Lab3 - 1. aspx 页面，可以看到在页面中引用的用户控件 Lab3 _ 1. ascx 能够被加载和正常显示，用户控件中的各个服务器控件、验证控件响应正常，运行效果如图 4.14 所示。

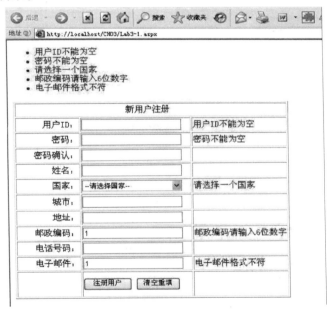

图 4.14　用户控件使用效果

项目五 会员注册管理

5.1 情景分析

在校园超市系统中，用户只浏览网站无须登录，但如果要购买商品，则必须是网站会员。成为会员需要先注册，登记个人的相关信息。因此网站要提供一个注册页面，以便用户录入个人相关信息。注册页面如图5.1所示。

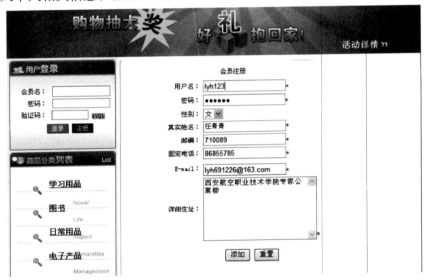

图 5.1 注册页面

5.2 会员注册 UI 设计

在校园超市系统中，要实现会员注册功能，输入会员的相关信息，如用户名、密码、性别、电子邮件等，这个信息的录入需要文件框和选择类控件。选择类控件主要包括单选按钮、复选按钮和列表框等。

5.2.1 单选按钮控件（RadioButton 控件）

单选按钮控件（RadioButton 控件）为用户提供由两个或多个互斥选项组成的选项集。当用户选中某单选按钮时，同一组中的其他单选按钮不能同时选定。

RadioButton 又称单选按钮，通常成组出现，用于提供两个或多个互斥选项，即在一组单选按钮中只能选择一个。

1. **常用属性**

● Checked 属性：用来设置或返回单选按钮是否被选中，选中时值为 true，没有选中时值为 false。

● AutoCheck 属性：如果 AutoCheck 属性被设置为 true（默认），那么当选择该单选按钮时，将自动清除该组中所有其他单选按钮。对一般用户来说，不需改变该属性，采用默认值（true）即可。

● Appearance 属性：用来获取或设置单选按钮控件的外观。当其取值为 Appearance. Button 时，将使单选按钮的外观像命令按钮一样：当选定它时，它看似已被按下。当取值为 Appearance. Normal 时，就是默认的单选按钮的外观。

● Text 属性：用来设置或返回单选按钮控件内显示的文本，该属性也可以包含访问键，即前面带有"&"符号的字母，这样用户就可以通过同时按 Alt 键和访问键来选中控件。

2. **常用事件**

● Click 事件：当单击单选按钮时，将把单选按钮的 Checked 属性值设置为 true，同时发生 Click 事件。

● CheckedChanged 事件：当 Checked 属性值更改时，将触发 CheckedChanged 事件。

WPF 里面的 radiobutton 可能和 Web 里面的有些不一样，没有 group 之类的属性。在使用时直接把同一组的 radiobutton 放入到一个 groupBox 或者 panel 里面，他们就自动为一组了，在使用的时候（判断哪一个被选中）有两种方法：

第一种方法：代码如下：

```
foreach（Control ctrl in groupBox1. Controls）
{
if（ctrl is RadioButton）
{
if（（（RadioButton）ctrl）. Checked）
{
//添加你需要的操作
}
}
}
```

第二种方法：在每个 radiobutton 里面添加事件代码如下：

```
private void radioButton_ CheckedChanged（object sender, EventArgs e）
{
RadioButton rb = （RadioButton）sender;
if（rb. Checked）
{
```

```
    //添加你需要的操作
    }
}
```

5.2.2 复选框控件（CheckBox 控件）

复选框控件（CheckBox 控件）用来表示是否选取了某个选项条件，常用于为用户提供具有是/否或真/假值的选项。

Windows 窗体 CheckBox 控件指示某特定条件是打开的还是关闭的。它常用于为用户提供是/否或真/假选项。可以成组使用复选框（CheckBox）控件以显示多重选项，用户可以从中选择一项或多项。它与 RadioButton 控件相似，但可以选择任意数目的成组的 CheckBox 控件。

复选框（CheckBox）控件和单选按钮（RadioButton）控件的相似之处在于，它们都是用于指示用户所选的选项。它们的不同之处在于，在单选按钮组中一次只能选择一个单选按钮。但是对于复选框（CheckBox）控件，则可以选择任意数量的复选框。

复选框可以使用简单数据绑定连接到数据库中的元素。多个复选框可以使用 Group-Box 控件进行分组。这对于可视外观以及用户界面设计很有用，因为成组控件可以在窗体设计器上一起移动。

CheckBox 控件有两个重要属性 Checked 和 CheckState。Checked 属性返回 true 或 false。CheckState 属性返回 CheckState. Checked 或 CheckState. Unchecked；或者，如果 ThreeState 属性设置为 true，CheckState 还可能返回 CheckState. Indeterminate。在不确定状态，复选框以浅灰色显示，以表示该选项不可用。

1. Check Box 控件的使用

使用 CheckBox 控件设置选项检查 Checked 属性的值以确定其状态，并使用该值设置选项。

在下面的代码示例中，当引发 CheckBox 控件的 CheckedChanged 事件时，如果选中该复选框，则将窗体的 AllowDrop 属性设置为 false。这在希望限制用户交互的情况下是很有用的。

```
private void checkBox1_ CheckedChanged（object sender, System. EventArgs e）
{
// Determine the CheckState of the check box.
if（checkBox1. CheckState  =  =  CheckState. Checked）
{
// If checked, do not allow items to be dragged onto the form.
this. AllowDrop  =  false;
}
}
```

2. 响应 Windows 窗体 CheckBox 单击

每当用户单击某 Windows 窗体 CheckBox 控件时，便发生 Click 事件。可以编写应用程序以根据复选框的状态执行某些操作。响应 CheckBox 单击在 Click 事件处理程序中，使用 Checked 属性确定控件的状态，并执行任何必要操作。

```
private void checkBox1_ Click (object sender, System. EventArgs e)
{
// The CheckBox control's Text property is changed each time the
// control is clicked, indicating a checked or unchecked state.
if (checkBox1. Checked)
{
checkBox1. Text = " Checked";
}
else
{
checkBox1. Text = " Unchecked";
}
}
```

3. 单击复选框时确定操作的进程

使用 case 语句查询 CheckState 属性的值以确定操作的进程。当 ThreeState 属性设置为 true 时，CheckState 属性可以返回三个可能值，表示该复选框已选中、未选中或第三种不确定状态（此时复选框以浅灰色显示，表示该选项不可用）。

```
private void checkBox1_ Click (object sender, System. EventArgs e)
{
switch (checkBox1. CheckState)
{
case CheckState. Checked:
// Code for checked state.
break;
case CheckState. Unchecked:
// Code for unchecked state.
break;
case CheckState. Indeterminate:
// Code for indeterminate state.
break;
}
}
```

注意：当 ThreeState 属性设置为 true 时，Checked 属性对 CheckState. Checked 和 CheckState. Indeterminate 均返回 true。

4. 表示一个 Windows 复选框

使用 CheckBox 可为用户提供一项选择，如"真/假"或"是/否"。该复选框控件可以显示一个图像或文本，或两者都显示。CheckBox 和 RadioButton 控件拥有一个相似的功能：允许用户从选项列表中进行选择。CheckBox 控件允许用户选择一组选项。与之相反，RadioButton 控件允许用户从互相排斥的选项中进行选择。

Appearance 属性确定复选框显示为典型复选框还是显示为按钮。ThreeState 属性确定该控件是支持两种状态还是三种状态。使用 Checked 属性可以获取或设置具有两种状态的复选框控件的值，而使用 CheckState 属性可以获取或设置具有三种状态的复选框控件的值。

注意如果将 ThreeState 属性设置为 true，则 Checked 属性将为已选中或不确定状态返回 true。

FlatStyle 属性确定控件的样式和外观。如果 FlatStyle 属性设置为 FlatStyle. System，则控件的外观由用户的操作系统确定。

注意当 FlatStyle 属性设置为 FlatStyle. System 时，将忽略 CheckAlign 属性，并将使用 ContentAlignment. MiddleLeft 或 ContentAlignment. MiddleRight 对齐方式显示控件。如果 CheckAlign 属性设置为右对齐方式之一，则会使用 ContentAlignment. MiddleRight 对齐方式显示控件；否则使用 ContentAlignment. MiddleLeft 对齐方式显示控件。

下面描述一种不确定状态：有一个用于确定 RichTextBox 中选定的文本是否为粗体的复选框。选择文本时，您可以单击该复选框以将选定文本变成粗体。同样，选择一些文本时，复选框将显示选定的文本是否为粗体。如果选定的文本包含粗体和常规文本，则复选框将处于不确定状态。

下面的示例创建了一个 CheckBox 并对它进行了初始化，为它赋予切换按钮的外观，将 AutoCheck 设置为 false，并将它添加到 Form 中。

```
public void InstantiateMyCheckBox ( )
{
    // Create and initialize a CheckBox.
    CheckBox checkBox1 = new CheckBox ( );
    // Make the check box control appear as a toggle button.
    checkBox1. Appearance = Appearance. Button;
    // Turn off the update of the display on the click of the control.
    checkBox1. AutoCheck = false;
    // Add the check box control to the form.
    Controls. Add ( checkBox1 );
}
```

5.2.3 列表控件（ListBox 控件）

列表控件（ListBox 控件）用于显示一个列表，用户可以从中选择一项或多项。如果选项总数超出可以显示的项数，则控件会自动添加滚动条。

1. 属性列表

SelectionMode 组件中条目的选择类型，即多选（Multiple）、单选（Single）

Rows 列表框中显示总共多少行

Selected 检测条目是否被选中

SelectedItem 返回的类型是 ListItem，获得列表框中被选择的条目

Count 列表框中条目的总数

SelectedIndex 列表框中被选择项的索引值

Items 泛指列表框中的所有项，每一项的类型都是 ListItem

2. 取列表框中被选中的值

ListBox. SelectedValue

3. 动态的添加列表框中的项

ListBox. Items. Add（" 所要添加的项"）;

4. 移出指定项

//首先判断列表框中的项是否大于 0

If（ListBox. Items. Count ＞ 0 ）

{

//移出选择的项

ListBox. Items. Remove（ListBox. SelectedItem）;

}

5. 清空所有项

//首先判断列表框中的项是否大于 0

If（ListBox. Items. Count ＞ 0 ）

{

//清空所有项

ListBox. Items. Clear（）;

}

6. 列表框可以一次选择多项

只需设置列表框的属性 SelectionMode = " Multiple"，按 Ctrl 可以多选

7. 两个列表框联动，即两级联动菜单

//判断第一个列表框中被选中的值

switch（ListBox1. SelectValue）

{

```
//如果是"A"，第二个列表框中就添加这些：
case "A"
ListBox2.Items.Clear（）;
ListBox2.Items.Add（"A1"）;
ListBox2.Items.Add（"A2"）;
ListBox2.Items.Add（"A3"）;
//如果是"B"，第二个列表框中就添加这些：
case "B"
ListBox2.Items.Clear（）;
ListBox2.Items.Add（"B1"）;
ListBox2.Items.Add（"B2"）;
ListBox2.Items.Add（"B3"）;
｝
```

5.2　会员信息验证

用户注册时，要求确保用户输入的数据是正确的，或者强迫一定要输入数据，输入的数据不符合要求时要给出提示。例如：注册页面中要求用户名、登陆密码、确认密码不能为空，登录密码和确认密码应该是一样。

5.2.1　验证的概述

1. 数据验证的必要性

输入验证是检验 Web 窗体中用户的输入是否和期望的数据值、范围或格式相匹配的过程。通过数据验证可能效减少等待错误信息的时间，降低发生错误的可能性，从而改善用户访问 Web 站点的体验。

（1）验证控件的值。

在很多情况下，我们期望用户输入的值应该符合某种类型、在一定范围内或符合一定的格式等，对于这些要求，通过使用验证控件将能很容易地实现。

（2）错误阻塞处理。

当页面验证没有通过时，页面将不会被提交或不会被处理，直到验证通过，页面才可能被提交处理。

（3）对欺骗和恶意代码的处理。

验证还会保护 Web 页面避免两种威胁：欺骗和恶意代码。当恶意用户修改收到的 HTML 页面，并返回一个看起来输入有效或已通过授权检查的值时，就发生了恶意欺骗。由此可以看出，欺骗往往是通过绕过客户端验证来达到目的的。因此，运行 ASP.NET 服务器端验证将能有效阻止欺骗。

当恶意用户向 Web 页的无输入验证的控件添加无限制的文本时，就可能输入了恶意代码。当这个用户向服务器发送下个请求时，已添加的代码可能对 Web 服务器或任何与之连接的应用程序造成破坏。

2．数据验证的过程

数据发送到服务器端之前，验证控件会在浏览器内执行错误检查，并立即给出错误提示，如果发生错误，则不能提交网页。出于安全考虑，任何在客户端进行的输入验证都会在服务器再次进行验证。

在服务器处理请求之前，验证控件会对该请求中输入控件的数据合法性进行验证，行使一个类似数据过滤的角色，即在处理 Web 页或服务器逻辑之前对数据进行验证。如果有不符合验证逻辑的数据，则中断执行并返回错误信息。

知识 2　ASP. NET 的验证类型

在 ASP. NET 中，输入验证是通过向 ASP. NET 网页添加验证控件来完成的。验证控件为所有常用的标准验证类型提供了一种易于使用的机制以及自定义验证的方法。此外，验证控件还允许自定义向用户显示错误信息的方法。验证控件可与 ASP. NET 网页上的任何控件一起使用。常规的验证类型如表所示：

表 5－1　常见验证类型

验证类型	使用的控件	说明
必需项	RequiredFieldValidator	要求用户必须输入某一项
值的比较	CompareValidator	将用户输入与一个常数值、另一个控件或特定数据类型的值进行比较
范围检查	RangeValidator	检查用户的输入是否在下的范围内。可以检查数字对、字母对和日期对限定的范围
模式匹配	RegualarExpressionValidator	检查项与正则表达式定义的模式是否匹配。此类验证能够检查可预知的字符序列
用户定义	CustomValidator	使用自已编写的验证逻辑检查用户输入。此类验证能够检查在运行时派和的值

5.2.2　服务器验证控件

使用自定义函数进行 ASP. NET 服务器控件验证。如果现有的验证控件无法满足需求，您可以定义一个自定义的服务器端验证函数，然后使用 CustomValidator 控件来调用它。您还可以通过编写 ECMAScript（JScript）函数，重复服务器端的方法的逻辑，添加为客户端验证，在窗体提交之前进行快速检查。即使使用了客户端验证，您也应该执行服务器端的验证。服务器端的验证有助于防止用户通过禁用或更改客户端脚本来避开验证。

安全说明默认情况下，Web 窗体页将自动验证没有恶意用户试图将脚本或 HTML 元

素发送到您的应用程序中。只要启用了此验证，就不需要显式检查用户输入中的脚本或HTML 元素。

1. 服务器端验证

通过在检查用户输入控件的 ServerValidate 事件处理程序中编写代码，您可以定义服务器端的验证。通过设置控件的 OnServerValidate 属性，您可以将事件处理程序挂钩。所要验证的输入控件字符串可以通过使用 ServerValidateEventArgs 对象的 Value 属性来访问，该对象作为参数传递到事件处理程序。验证结果随后将存储在 ServerValidateEventArgs 对象的 IsValid 属性中。使用自定义函数在服务器上验证

（1）将 CustomValidator 控件添加到页中并设置以下属性。

表 5 - 2　CustomValidator **控件属性**

属性	说明
ControlToValidate	正在验证的控件的 ID。
ErrorMessage、Text、Display	这些属性指定验证失败时要显示的错误的文本和位置。

（2）为控件的 ServerValidate 事件创建一个基于服务器的事件处理程序。这一事件将被调用来执行验证。方法具有如下签名：

protected void ValidationFunctionName（object source，ServerValidateEventArgs args）

源参数是对引发此事件的自定义验证控件的引用。args. Value 属性将保存要验证的用户输入。如果该值有效，则 IsValid 应设置为 true，否则将设置为 false。

以下示例显示了如何创建自定义验证。事件处理程序检查用户输入是否为 8 个字符或更长。

```
// C#
protected void TextValidate（object source，ServerValidateEventArgs args）
{
    args. IsValid = （args. Value. Length > = 8）；
}
```

（3）将 OnServerValidate 属性添加到"HTML"视图中的验证器，以指示验证函数的名称。

```
< asp：textbox id = TextBox1 runat = " server" > </asp：textbox >
< asp：CustomValidator id = " CustomValidator1" runat = " server"
    OnServerValidate = " TextValidate"
    ControlToValidate = " TextBox1"
    ErrorMessage = " Text must be 8 or more characters. " >
</asp：CustomValidator >
```

（4）在 Web 窗体代码中添加测试代码，以检查有效性。

2. 客户端验证

若要创建客户端自定义验证，可指定控件的 ClientValidationFunction 属性的函数名，

然后以客户端脚本创建函数,重复服务器端方法的逻辑。使用 ECMAScript(JavaScript、JScript)在客户端创建验证函数。

以下示例解释了自定义客户端验证。源自页的摘要将显示由 CustomValidator 控件引用的 Textbox 控件。验证控件调用名为 validateLength 的函数,以确认用户至少在 Textbox 控件中输入了 8 个字符。

```
< SCRIPT LANGUAGE = " JavaScript" >
function validateLength(oSrc, args){
    args. IsValid = (args. Value. length > = 8);
}
</SCRIPT >
< asp: Textbox id = " text1" runat = " server" text = " " >
</asp: Textbox >
< asp: CustomValidator id = " CustomValidator1" runat = server
            ControlToValidate = " text1"
            ErrorMessage = " You must enter at least 8 characters!"
    ClientValidationFunction = " validateLength" >
</asp: CustomValidator >
```

3. 数据验证控件

(1) RequiredFieldValidator 控件。

该控件可以强制用户在输入控件中输入内容。当验证执行时,如果输入控件包含的值为空,则验证失败。在页中添加 RequiredFieldValidator 控件并将其链接到相关的控件,可以指用户在 ASP. NET 网页上的相关控件中必须输入信息。

如果验证在客户端执行,则用户可以在使用该页时将必填字段设为空白,但必须在提交页之前提供非默认值。

【例 5.1】使用 RequiredFieldValidator 控件用户名和密码不能为空。

```
< asp: TextBox id = " txtUserName" runat = " server" / >输入用户名
</asp: TextBox >
< asp: RequiredFieldValidator
id = " RequiredFieldValidator1"
ControlToValidate = " txtUserName"
ErrorMessage = " 请输入用户名" >
InitialValue = " " Width = " 100%" runat = " server" >
</asp: RequiredFieldValidator >
```

RequiredFieldValidator 控件的属性:

● ControlToValidate:表示要验证的控件 Id

● ErrorMessage:表示当检查不合法时,出现的错误提示信息。

●Text：控件中显示的字符串。

（2）CompareValidator 控件。

使用 CompareValidator 控件来测试用户的输入是否符合指定的值，或者符合另一个输入控件的值。CompareValidator 控件常常用在容易发生输入错误的地方，如不显示用哀恸实际输入的密码字段。在下面的示例中：

【例 5.2】用 CompareValidator 控件限制输入的密码要相同。

< form id = " form1" runat = " Server" >

登录密码：< asp：textbox id = " txtPwd1" runat = " server" Width = " 145px" Height = " 24px" TextMode = " Password" > </asp：textbox >

< asp：requiredfieldvalidator id = " Requiredfieldvalidator1" runat = " server" ControlTo-Validate = " txtPwd1" ErrorMessage = " RequiredFieldValidator" > 请输入密码！</asp：requiredfieldvalidator > < br / >

确认密码：< asp：textbox id = " txtPwd2" runat = " server" Width = " 145px" Height = " 24px" TextMode = " Password" > </asp：textbox >

< asp：RequiredFieldValidator ID = " RequiredFieldValidator2" runat = " server" ControlToValidate = " txtPwd2"

ErrorMessage = " RequiredFieldValidator" > 请输入密码！</asp：RequiredFieldValidator >

< asp：comparevalidator id = " Comparevalidator1" runat = " server" Width = " 144px" ControlToValidate = " txtPwd2" ErrorMessage = " CompareValidator" ControlToCompare = " txtPwd1" >输入的密码不一样！</asp：comparevalidator >

< br / >

< asp：Button ID = " btnOk" runat = " server" Text = " 提交" OnClick = " btnOk_Click" / >

CompareValidator 控件的属性：

●ControlToValidate：表示要验证的控件 ID。

●ControlToCompare：用来比较控件的 ID。如果需要将一个输入控件的值同某个常数值相比较，则可以通过设置 ControlToCompare 属性指定要比较的常数值。

●ValueToCompare：用来确定要比较的某个常数值，使用管道字符"｜"来分隔多个值。这个属性最好用来验证常量值（如一个最小年龄限制），而对于很可能变化的值，需要使用 CustomValidator 控件来比较。

●Type：表示要比较的控件的数据类型。如果希望输入控件中的值与某个数据类型匹配，可以使用这个属性。

●Operator：指定要使用的比较运算符。使用比较运算符的名称来指定运算符，如 Equal、NotEqual、GreaterThan 和 GreateThanEqual 等。

●ErrorMessage：表示当检查不合格时，出现的错误提示信息。

●Text：控件中显示的字符串。

（3）RangeValidator 控件。

RangeValidator 控件用来测试输入值是否在给定的范围内。输入的值介于最小值和最大值之间（包括最小值和最大值）是有效的。RangeValidator 控件通常被用来验证输入值（如年龄、身高、薪水和孩子个数）是否匹配预期范围。RangeValidator 控件可以空输入控件作为有效控件进行验证。

【例5.3】用 RangeValidator 控件限制成绩必须在 0~100 之间。

```
% @ Page Language = " C#" % >
< script runat = " server" >
    public void Button_ Click （Object src，EventArgs e)
    {
            if （Page. IsValid)
            {
            Response. Write （" 验证通过"）；
            }
    }
</ script >
< html >
< body >
    < form runat = " server" >
```

请输入成绩（0~100）：< asp：TextBox id = " txtGrade" runat = " server" > </asp：TextBox >

< asp：Button id = " Button1" onclick = " Button_ Click" runat = " server" Text = " 提交" > </asp：Button >

< br >

< asp：Label id = " lblMsg" runat = " server" > </asp：Label >

< asp：RangeValidator id = " rv" runat = " server" Type = " Double" ControlToValidate = " txtGrade" MinimumValue = " 0" MaximumValue = " 100" >成绩必须在 0~100 之间！</asp：RangeValidator >

```
</ form >
</ body >
</ html >
```

RangeValidator 控件的属性：

●ControlToValidate：表示要验证的控件 ID。

●Type：表示要比较的依件的数据类型。在任何比较执行之前，比较的值会被转按

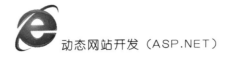

成这种数据类型。

●Maximum Value：表示有效范围的最大值（对数字变量），或字符串的最大字符长度（对字符串变量）。

●Minimum Value：表示有效范围的最小值（对数字变量），或字符串的最小字符长度（对字符串变量）。

●ErrorMessage：表示当检查不合格时，出现的错误提示信息。

●Text，控件中显示的字符串。

（4）RegularExpressionValidator 控件。

当验证一个用户的输入是否匹配预定义的模式时（比如一个电话号码、邮政编码），必须使用 RegularExpressionValidator 控件。这个验证控件把用户输入的字符数字和符号的模式与控件中的一个或多个模式相比较。

当在属性窗口单击 RegularExpressionValidator 控件时，.NET 提供一套预置的正则表达式模式。这些模式包括电子邮件、网站地址、电话号码和邮政编码。如要创建一种新的模式，可选择 Custom（自定义）模板，此时可编辑最后一次选中的模式，并以此模式为基础创建自定义模式。

正则表达式的控制字符集如表所示。

表 5 - 3　控制字符集

字符	定义
a	表示一个字母 a
L	表示一个字母 l
?	零次或一次匹配前面的字符或子表达式
*	零次或多次匹配前面的字符或子表达式
+	一次或多次匹配前面的字符或子表达式
^	不等于某个字符或子表达式
[0-n]	表示某个范围内的数字或字母
{n}	表示长度是 N 的有效字符串
|	或的意思，分隔多个有效的模式
\	后面是一个命令字符
\w	匹配任何单词字符
\d	匹配任何数字字符
\.	匹配点字符

下面的代码显示了如何使用 RegularExpressionValidator 控件来检查用户是否输入了一个有效的电子邮件地址：

< asp：TextBox ID = " ContrEmail" runat = " server" > </asp：TextBox >

< asp：RegularExpression Validator ID = " RegularExpressionValidator1"

　　Runat = " server"

　　ControlToValidate = " ContrEmail"

　　ErrorMesaage = " \ w + （ [- + . '] \ w +) * @ \ w + （ [-.] \ w +) * \ . \ w + （ [-.] \ w +) *" >

　　</asp：RegularExpressionValidator >

说明：

●ControlToValidate：表示要验证的控件 ID。

●RegularExpressionValidator：指定用于输入控件的正则表达式。

●ErrorMessage：表示当检查不合格时，出现的错误提示信息。

●Text：控件中显示的字符串。

5.3　会员注册信息存储

5.3.1　ADO . NET 概述

ADO . NET 是 . NET 框架下的一种新的数据访问编程模型，是一组处理数据的类，它用于实现数据库中数据的交互，同时提供对 XML 的强大支持。在 ADO . NET 中，使用的是数据存储的概念，而不是数据库的概念。简言之，ADO . NET 不但可以处理数据库中的数据，而且还可以处理其他数据存储方式中的数据，例如 XML 格式、Excel 格式和文本文件的数据。

ADO . NET 提供对 Microsoft SQL Server 等数据源以及通过 OLE DB 和 XML 公开的数据源的一致访问。应用程序可以使用 ADO . NET 来连接到这些数据源，并检索、操作和更新数据。

ADO . NET 具有如下新特点。

（1）断开式连接技术。在以往的数据库访问中，程序运行时总是保持与数据库的连接。而 ADO . NET 仅在对数据库操作时才打开对数据库的连接，数据被读入数据集之后在连接断开的情况下实现对数据在本地的操作。

（2）数据集缓存技术。从数据源读取的数据在内存中的缓存为数据集（DataSet）。数据集就像一个虚拟的数据库，可以保存比记录集更丰富的结构，可以包括多个表、关系、约束等。数据库与数据集之间没有实际的关系，可以在非连接状态下对数据集进行操作，当对数据集执行完数据处理后，再连接数据库写入。

（3）更好的程序间共享。ADO . NET 使用 XML 为数据传输的媒质，只要处理数据的不同平台有 XML 分析程序，就可以实现不同平台之间的互操作性，从而提高了标准化程度。

（4）易维护性。使用 N 层架构分离业务逻辑与其他应用层次，易于增加其他层次。

（5）可编程性。ADO . NET 对象模型使用强类型数据，使程序更加简练易懂；提供

了强大的输入环境，可编程性大大增强；使用了更好的封装，所以更容易实现数据共享。

（6）高性能与可扩展性：ADO．NET 使用强类型数据取得高性能，它鼓励程序员使用 Web 方式，由于数据保存在本地缓存中，所以不需要解决复杂的并发问题。

5.3.2 ADO．NET 数据访问模型

ADO．NET 的两个核心组件是：．NET Framework 数据提供程序和 DataSet 如图 5.2 所示。

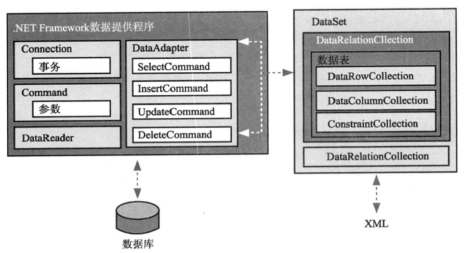

图 5.2　ADO．NET 结构

1．．NET Framework 数据提供程序

．NET Framework 数据提供程序用于连接数据库、执行命令和检索结果。可以直接处理检索到的结果，或将其放入 ADO．NET DataSet 对象，以便与来自多个源的数据组合在一起。

表 5－4 概括了组成 ．NET Framework 数据提供程序的 4 个核心对象。

表 5－4　．NET Framework 数据提供程序的 4 个核心对象

对象	说明
Connection	建立与特定数据源的连接
Command	对数据源执行命令。公开 Parameters，并且可以从 Connection 的 Transaction 的范围内执行
DataReader	从数据源中读取只进且只读的数据流
DataAdapter	用数据源填充 DataSet 并解析更新

．NET Framework 数据提供程序在应用程序和数据源之间起着桥梁的作用。数据提供程序用于从数据源中检索数据并且使对该数据的更改与数据源保持一致。

表 5－5 列出了 ．NET Framework 中包含的 ．NET Framework 数据提供程序。

表 5 - 5 . NET Framework 中包含的 . NET Framework 数据提供程序

. NET Framework 数据提供程序	说明
SQL Server . NET Framework 数据提供程序	对于 Microsoft SQL Server 7.0 版或更高版本；位于 System. Data. SqlClient 命名空间中；其核心对象类的前缀都是以 Sql 开头，例如：Connection 对象类为 SqlConnection
OLE DB . NET Framework 数据提供程序	适合于使用 OLE DB 公开的数据源，如 Access、Excel 等；位于 System. Data. OleDb 命名空间中；其核心对象类的前缀都是以 OleDb 开头，例如：Connection 对象类为 OleDbConnection
ODBC . NET Framework 数据提供程序	适合于用 ODBC 公开的数据源；位于 System. Data. Odbc 命名空间中；其核心对象类的前缀都是以 Odbc 开头，例如：Connection 对象类为 OdbcConnection
Oracle . NET Framework 数据提供程序	适用于 Oracle 数据源支持 Oracle 客户端软件 8.1.7 版和更高版本；位于 System. Data. OracleClient 命名空间中；其核心对象类的前缀都是以 Oracle 开头，例如：Connection 对象类为 OracleConnection

2. DataSet

DataSet 是支持 ADO . NET 的断开式、分布式数据方案的核心对象。DataSet 允许在无连接的高速缓存中存储和管理数据。DataSet 是数据的内存驻留表示形式，无论数据源是什么，它都会提供一致的关系编程模型。

DataSet 实现了独立于任何数据源的数据访问。因此，它可以用于多种不同的数据源，用于 XML 数据，或用于管理应用程序本地的数据。DataSet 包含一个或多个 DataTable 对象的集合，这些对象由数据行和数据列以及主键、外键、约束和有关 DataTable 对象中数据的关系信息组成。

5. 3. 3 使用 Connection 对象连接数据库

在 ADO . NET 中，可以使用 Connection 对象来连接到指定的数据源。Connection 对象主要是连接程序和数据库的"桥梁"，要存/取数据源中的数据，首先要建立程序和数据源之间的连接。

对应不同的 Provider 类型，常用的 Connection 对象有两种，一种是用于 Microsoft SQL Server 数据库的 SqlConnection；另一种是对于其它类型可以用 OLEDB. NET provider 的 OleDbConnection。

Connection 对象使用 ConnectionString 属性连接到数据库。表 5 - 6 列出几种常见数据库 ConnectionString 的设置示例。

表 5 - 6　几种常见数据库 ConnectionString 的设置示例数据库

类型	. NET Framework 数据提供程序	ConnectionString 属性设置示例
SQL Server	SQL Server 数据提供程序	Server = . ; DataBase = Northwind；user id = sa；password = ；
Access	OLE DB 数据提供程序	Provider = Microsoft. Jet. OLEDB. 4. 0；Data Source = c：\ myAccessDB. mdb；
Oracle	Oracle 数据提供程序	DataSource = MyOraServer；user = user1；password = pwd1；

Connection 对象常用的属性方法见表 5 - 7。

表 5 - 7　Connection 对象常用的属性和方法

属性	说明
ConnectionString	获取或设置用于打开 SQL Server 数据库的字符串
ConnectionTimeout	获取在尝试建立连接时终止尝试并生成错误之前所等待的时间
Database	获取当前数据库或连接打开后要使用的数据库的名称
DataSource	对于 SQL Server 数据提供程序，代表要连接的 SQL Server 实例的名称；对于 OLE DB、ODBC 数据提供程序，代表数据源的服务器名或文件名；对于 Oracle 数据提供程序，代表要连接的 Oracle 服务器的名称
State	获取连接的当前状态
方法	说明
BeginTransaction	开始数据库事务
CreateCommand	创建并返回一个与该 Connection 关联的 Command 对象
Close	关闭与数据库的连接。这是关闭任何打开连接的首选方法
Open	使用 ConnectionString 所指定的属性设置打开数据库连接

1. 编写代码创建数据库连接

（1）使用 SQL Server. NET 数据提供程序连接 SQL Server 2005 数据库。

如果需要访问的是 SQL Server 2005 数据库，则需要使用 SQL Server. NET 数据提供程序，相关的类在 System. Data. SqlClient 命名空间中，此时需要使用 SqlCConnection 对象来连接数据库。

SqlConnection 对象最重要的属性就是 ConnectionString 属性，该属性将建立连接的详细信息传递给 SqlConnection 对象，SqlConnection 对象通过这个属性提供的连接字符串来连接数据库。在连接字符串中至少需要包含服务器（Server）、数据库名（Database）和身份验证（User ID/Password）等信息。

当 SQL Server 数据库混合模式可以由用户自己输入登录名与口令来连接到数据库，可以用如下方式创建 SqlConnection 对象。

SqlConnection conn ＝ new SqlConnection（）；

conn. ConnectionString ＝ " DataSource ＝ .；Database ＝ student；UserID ＝ sa；Pwd ＝ 123456"；

连接字符串为" DataSource ＝ .；Database ＝ Student；UserID ＝ sa；Pwd ＝ 123456"；，其含义是连接到本机 SQL Server 数据库服务器中的 Student 数据库，使用的登录名为 sa，口令为 123456。

【例 5.4】学习 SqlConnection 对象的创建与使用方法，测试数据库是否连通。

protected void Button1_ Click（object sender，EventArgs e）

｛

SqlConnection conn ＝ new SqlConnection（）；

conn. ConnectionString ＝ " DataSource ＝ .；Database ＝ student；UserID ＝ sa；Pwd ＝ 123456"；

conn. Open（）；

Label1. Text ＝ " 数据库连接成功"；

conn. Close（）；

｝

（2）使用 OLEDB. NET 数据提供程序连接 Access 数据库。

如果需要访问的是 Access 2003 数据库，则使用 SQL OLEDB. NET 数据提供程序，相关的类都在 System. Data. OleDB 命名空间中，此时需要使用 OleDBConnection 对象来连接数据库。

OleDBConnection 对象的 ConnextionString 属性的取值与 SqlConnection 有所不同。访问 Access 数据库的连接字符串中到少需要包含提供者（Provider）和数据库文件名（Data Source）这两个信息。

下面的例子是显示了如何访问 Access 数据库 Student. mdb：

OleDbConnection oledbconn；

Oledbconn. ConnectionString ＝ " Provider ＝ Microsoft. Jet. OLEDB. 4. 0；DataSource ＝ D：\ Student. mdb"；

Oledbconn. Open（）；

Oledbconn. Close（）；

2. 连接池

连接池是一个简单概念。当关闭一个连接时，并不直接撤消网络中的物理数据库连接路径，而是把包括身份验证细节在内的连接详细信息保存在资源池中。如是后来又提出连接请求，则首先会检查资源池，查看身份验证信息细节都相同的地方是否有现成的连接可用，且是否正在连接相同的服务器和数据库。如果有与要求的连接标准相匹配的

现成连接，就使用它而不必再创建一个新连接。如果连接池中没有合适的连接可用，那么就需要新建一个连接。

建立连接池可以显著地提高应用程序的性能和可缩放性。.NET Framework 数据提供程序自动为 ADO.NET 客户端应用程序提供连接池。

连接池是为每个唯一的连接字符串创建的。当创建一个池后，将创建多个连接对象并将其添加到该池中，以满足最小池大小的要求。连接将根据需要添加到池中，直至达到最大池大小。

当请求 SqlConnection 对象时，如果存在可用的连接，则将从池中获取该对象。若要成为可用连接，该连接当前必须未被使用，具有匹配的事务上下文或者不与任何事务上下文相关联，并且具有与服务器的有效链接。

如果已达到最大池大小且不存在可用的连接，则该请求将会排队。当连接被释放回池中时，连接池管理程序通过重新分配连接来满足这些请求。

建议使用完 Connection 后及时将其关闭，以便连接可以返回到连接池中。可以使用 Connection 对象的 Close 或 Dispose 方法来关闭。不是显式关闭的连接可能不会添加或返回到连接池中。例如，如果连接已超出范围但没有显式关闭，则仅当达到最大池大小而该连接仍然有效时，该连接才会返回到连接池中。

5.3.4 使用 Command 对象操作数据库

当建立与数据源的连接后，可以使用 Command 对象来执行命令并从数据源中返回结果。可以使用 Command 构造函数来创建命令，该构造函数采用在数据源、Connection 对象和 Transaction 对象中执行的 SQL 语句的可选参数。也可以使用 Connection 的 CreateCommand 方法来创建用于特定 Connection 对象的命令。可以使用 CommandText 属性来查询和修改 Command 对象的 SQL 语句。

当 Command 对象用于存储过程时，可以将 Command 对象的 CommandType 属性设置为 StoredProcedure 这样就可以使用 Command 的 Parameters 属性来访问输入及输出参数和返回值。当调用 ExecuteReader 时，在关闭 DataReader 之前，将无法访问输出参数和返回值。

Command 对象公开了几种可用于执行所需操作的 Execute 方法。当以数据流的形式返回结果时，使用 ExecuteReader 可返回 DataReader 对象。使用 ExecuteScalar 可返回单个值。使用 ExecuteNonQuery 可执行不返回行的命令。

以下示例说明如何设置 Command 对象的格式，以便从 Northwind 数据库中返回 Categories 的列表。

SqlCommand catCMD = new SqlCommand（"SELECT CategoryID，CategoryName FROM Categories"，nwindConn）；

1. SqlCommand 对象的属性

Command 对象常用的属性见表 5 - 8。

表 5 - 8 Command 对象常用的属性和方法

属性	说明
CommandText	获取或设置要对数据源执行的 Transact – SQL 语句或存储过程名
CommandTimeout	获取或设置在终止执行命令的尝试并生成错误之前的等待时间
CommandType	默认值为 Text；当 CommandType 属性设置为 StoredProcedure 时，CommandText 属性应设置为存储过程的名称
Connection	为获取或设置 Command 的实例所使用
Parameters	Transact – SQL 语句或存储过程的参数。默认为"空集合"

下面的示例将创建一个 SqlCommand 并设置它的一些属性。

```
using System. Data. SqlClient;
public void CreateMySqlCommand ( )
{
SqlCommand myCommand = new SqlCommand ( );
myCommand. CommandText = " SELECT * FROM Categories ORDER BY CategoryID";
myCommand. CommandTimeout = 15; // 设置执行命令的超时时间
myCommand. CommandType = CommandType. Text; // 命令类型为 SQL Text
}
```

下面是 Command 对象调用存储过程的示例。

```
SqlConnection nwindConn = new SqlConnection ( " server = .; user id = sa;
password = ;
database = Northwind" );
SqlCommand salesCMD = new SqlCommand ( " SalesByCategory", nwindConn);
// 指定存储过程
salesCMD. CommandType = CommandType. StoredProcedure;
// 命令类型为 StoredProcedure
SqlParameter myParm = salesCMD. Parameters. Add ( " @ CategoryName", SqlDbType. N
VarChar, 15); // 设置存储过程的参数
myParm. Value = " Beverages"; // 存储过程参数的值
nwindConn. Open ( );
SqlDataReader myReader = salesCMD. ExecuteReader ( );
Console. WriteLine ( "    {0}, {1}", myReader. GetName ( 0), myReader. GetName
(1));
while ( myReader. Read ( ))
{
```

141

Console. WriteLine（"　　　　{0}，$ {1}"，myReader. GetString（0），myReader. GetDecimal（1））;

}

myReader. Close（）;

nwindConn. Close（）;

下面的示例是使用 Count 聚合函数来返回表中的记录数。

SqlCommand ordersCMD = new SqlCommand（" SELECT Count（ * ）FROM Orders"，nwindConn）;

Int32 count =（Int32）ordersCMD. ExecuteScalar（）;

/ 检索单个值，返回结果的第 1 行第 1 列 /

2. SqlCommand 对象的方法

SqlCommand 提供三种不同的方法在 SQL Server 上执行 T – SQL 语句，所有这些方法在内部的工作方式都非常相似。每种方法都将 SqlCommand 对象中形成的命令详细信息传递给指定的连接对象。然后，通过 SqlCommand 对象在 SQL Server 上执行 T – SQL 语句，最后根据语句执行结果生成一组数据，这些数据在不同的方法中有不同的表现形式。

（1）ExecuteNonQuery。

ExecuteNonQuery 方法将在 SQL Server 上执行指定的 T – SQL 语句，但是它只返回受 T – SQL 语句影响的行数，因此，它适合执行不返回结果集的 T – SQL 命令。这些命令有数据定义语句（DDL）命令；还有数据操作语言命令；也可以用于执行不返回结果集的存储过程。

（2）ExecuteScalar 方法。

ExecuteScalar 方法执行后返回一个单值，多用于使用聚合函数的情况，如 COUNT（ * ）之类的聚合函数。下面的例子使用 ExecuteScalar 方法在表上执行 Count（ * ），返回其结果并将之输出到页面上。

（3）ExecuteReader 方法。

ExecuteReader 方法用于返回数据集 DataReader 对象。DataReader 对象是一种从 SQL Server 中检索单一结果集的高速只读方法。

5.3.5　使用 DataReader 对象读取数据

可以使用 ADO . NET DataReader 从数据库中检索只读、只向前进的数据流。查询结果在查询执行时返回，并存储在客户端的网络缓冲区中，直到使用 DataReader 的 Read 方法对它们发出请求。使用 DataReader 可以提高应用程序的性能，因为一旦数据可用，DataReader 就立即检索该数据，而不是等待返回查询的全部结果；并且在默认情况下，该方法一次只在内存中存储一行，从而降低了系统开销。

DataReader 对象常用的属性见表 5 – 9。

表 5 - 9　DataReader 对象常用的属性和方法

属性	说明
FieldCount	获取当前行中的列数
HasRows	获取一个值，该值指示 DataReader 是否包含一行或多行
IsClosed	获取一个值，该值指示数据读取器是否已关闭
方法	说明
Close	关闭 DataReader 对象
GetBoolean	获取指定列的布尔值形式的值
GetByte	获取指定列的字节形式的值
GetChar	获取指定列的单个字符串形式的值
GetDateTime	获取指定列的 DateTime 对象形式的值
GetDecimal	获取指定列的 Decimal 对象形式的值
GetDouble	获取指定列的双精度浮点数形式的值
GetFieldType	获取指定对象的数据类型
GetFloat	获取指定列的单精度浮点数形式的值
GetInt32	获取指定列的 32 位有符号整数形式的值
GetInt64	获取指定列的 64 位有符号整数形式的值
GetName	获取指定列的名称
GetSchemaTable	返回一个 DataTable，它描述 SqlDataReader 的列元数据
GetSqlBoolean	获取指定列的 SqlBoolean 形式的值
GetString	获取指定列的字符串形式的值
GetValue	获取以本机格式表示的指定列的值
NextResult	当读取批处理 Transact - SQL 语句的结果时，使数据读取器前进到下一个结果
Read	使 SqlDataReader 前进到下一条记录。SqlDataReader 的默认位置在第一条记录前，因此，必须调用 Read 来开始访问任何数据

若要创建 DataReader，必须调用 Command 对象的 ExecuteReader 方法，而不直接使用构造函数。

当创建 Command 对象的实例后，可调用 Command. ExecuteReader 从数据源中检索行，从而创建一个 DataReader，如以下示例所示。

sqlDataReader myReader ＝ myCommand. ExecuteReader（）；

使用 DataReader 对象的 Read 方法可从查询结果中获取行。通过向 DataReader 传递列的名称或序号引用，可以访问返回行的每一列。不过，为了实现最佳性能，DataReader 提供了一系列方法，它们能够访问其本机数据类型（GetDateTime、GetDouble、GetGuid、GetInt32 等）形式的列值。在基础数据类型为已知时，如果使用类型化访问器方法，将减少在检索列值时所需的类型转换量。

通过 DataReader 的附加属性 HasRows，能够确定在从 DataReader 读取之前它是否已经返回了查询结果。

以下代码循环访问一个 DataReader 对象，并从每行中返回两个列。

if（myReader. HasRows）

while（myReader. Read（））

Console. WriteLine（" \ t｛0｝ \ t｛1｝", myReader. GetInt32（0）, myReader. GetString（1））;

else

Console. WriteLine（" 查询结果为空!"）;

myReader. Close（）;

DataReader 提供未缓冲的数据流，该数据流使过程逻辑可以有效地按顺序处理从数据源中返回的结果。由于数据不在内存中缓存，所以在检索大量数据时，DataReader 是一项合适的选择。

在某一时间，每个关联的 Connection 只能打开一个 DataReader，在上一个 DataReader 关闭之前，打开另一个任何尝试都将失败。类似地，当在使用 DataReader 时，关联的 SqlConnection 正忙于为它提供服务，直到调用 Close 时为止。

以下示例创建一个 SqlConnection、一个 SqlCommand 和一个 SqlDataReader。该示例读取全部数据，并将这些数据写到控制台。最后，该示例先关闭 SqlDataReader，然后关闭 SqlConnection。

```
public void ReadMyData（string myConnString）
{
string mySelectQuery = " SELECT OrderID, CustomerID FROM Orders";
SqlConnection myConnection = new SqlConnection（myConnString）;
SqlCommand myCommand = new SqlCommand（mySelectQuery, myConnection）;
myConnection. Open（）;
SqlDataReader myReader;
myReader = myCommand. ExecuteReader（）;
// 当 DataReader 访问任何数据前，必须调用 Read 方法
while（myReader. Read（））
{
Console. WriteLine（myReader. GetInt32（0） + ", " + myReader. GetString（1））;
}
```

// 数据读取完成时关闭 DataReader

myReader. Close（）；

// 当访问数据库结束时关闭 Connection

myConnection. Close（）；

}

【例 5.5】利用 SqlCommand 对象对 Book 表进行增加、删除和修改记录的操作

public void Page_ Load（Object src，EventArgs e）

{

string connStr = " server =（local）；integrated security = true；database = BookShop"；//数据库连接字符串

SqlConnection conn = new SqlConnection（connStr）；//创建连接对象

conn. Open（）；//打开连接

//创建 Command 对象，命令为把书名为'ASP 教程'书的作者改为'李白'

SqlCommand cmd = new SqlCommand（" update book set author = '李白' where bookName = 'ASP 教程'"，conn）；

cmd. ExecuteNonQuery（）；//执行命令

cmd. CommandText = " delete book where bookName = 'Java 宝典'"；//设置 Command 的命令为删除书名为" Java 宝典" 的图书

cmd. ExecuteNonQuery（）；

string sql = " insert into book（ ISBN，bookName ，bookImage，categoryID，Author，Price，Description）values（'222','数据库教程','' ，1，'杨玲'，20，'关于数据库的书'）"；

cmd. CommandText = sql；//设置 Command 的命令为向 Book 表插入一条记录

cmd. ExecuteNonQuery（）；

conn. Close（）；//关闭连接

}

【例 5.6】要求根据用户输入的书名删除相应的图书。

protected void Button_ Click（object sender，EventArgs e）

{

string connStr = " server =（local）；integrated security = true；database = BookShop"；

SqlConnection conn = new SqlConnection（connStr）；

//创建 Command，SQL 语句中有一个参数@ bookName

SqlCommand cmd = new SqlCommand（ " delete book where bookName = @ bookName"，conn）；

//把@ bookName 参数加入到 Parameters，并给参数赋值

cmd. Parameters. Add（ " @ bookName "，SqlDbType. VarChar）. Value = TextBox1. Text；

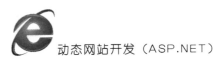

```
conn. Open（）；
cmd. ExecuteNonQuery（）；
conn. Close（）；
}
```

5.4　注册页的实现

校园超市的注册页如图5.3所示，具体实现步骤如下：

图5.3　注册页

步骤1：打开校园超过市网站，在"解决方案资源管理器"的"User"文件夹中选择"增加新项"，设置名称为"Register. aspx"，语言为"Vistual C#"，勾选"选择母版页"，并点击"添加"按钮，如图5.4所示。

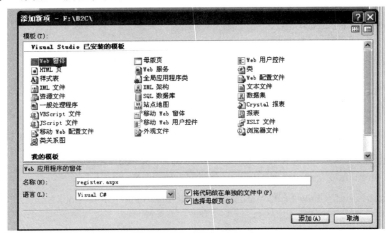

图5.4　添加新项

步骤2：在出现的"选择母版页"对话框中，选择站点根目录下的母版"MasterPage. master"，并点击"确定"按钮,如图 5.5 所示。

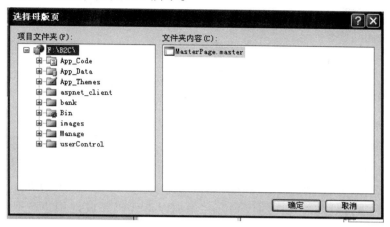

图 5.5 选择母版页

步骤 3:从新建的内容页"user/Register. aspx"中切换到设计视图,将 Label 控件、TextBox 控件、RadionButtonList 控件、CheckBoxList 控件、DropDownList 控件、Button 控件从工具箱拖放到页面,设置其属性,并采用表格布局,如图 5.6 所示。

步骤 4:为"性别"栏中所拖入的 RadioButtonList 控件添加两个选择项,分别为"男"、"女",其 Text 属性与 Value 属性相同,默认值为"男",并设置其 RepeatDirection 属性为 Horizontal。

步骤 5:添加验证控件并设置其属性,如图 5.6 所示。要求必须填写"用户名"、"密码","E - mail"必须符合格式要求,使用 RegularExpressionValidator 控件,将错误信息以对话框的形式显示在窗体上弹出,使用 ValidationSummary 控件。

Content - Content1 (自定义)

	会员注册
用户名:	▣ *▣*
密码:	▣ *▣*
性别:	男 ∨
真实姓名:	▣ *▣*
邮编:	▣ *您的邮编输入有误
固定电话:	▣ *您输入的电话号码有误
E-mail:	▣ *您输入的E-mail格式不正确
详细住址:	▣ *▣*
	添加 重置

图 5.6 注册页面

步骤6：打开校园超市，在"解决方面案资源管理器"中打开"Web.config"文件，并配置数据库连接字符串。代码如下所示：

```
< configuration >
< appSettings >
< add key = " ConnectionString" value = " server = . ; database = db_ NetStore；UId =
sa；pwd = 123" / >
</appSettings >
< connectionStrings/ >
</configuration >
```

步骤7：在"解决方案资源管理器"的"User"文件夹中打开"Register.aspx"中的"注册"按钮的事件处理过程中的代码，并添加以下代码完成把用户注册信息保存到数据库的操作。

在 add_ code 文件夹下有一个文件 UserClass.cs，在这个文件中有一个方法 AddUser方法，用来将注册页添加的信息写到数据库中相应的数据表中。

```
public class UserClass
{
DBClass dbObj = new DBClass（）；
public UserClass（）
{
//
// TODO：在此处添加构造函数逻辑
//
}
public int AddUser（string strName，string strPassword，string strRealName，bool blSex，
string strPhonecode，string strEmail，string strAddress，string strPostCode）
{
SqlCommand myCmd = dbObj. GetCommandProc（" proc_ AddUser"）；
//添加参数
SqlParameter name = new SqlParameter（" @ UserName"，SqlDbType. VarChar，50）；
name. Value = strName；
myCmd. Parameters. Add（name）；
//添加参数
SqlParameter password = new SqlParameter（" @ Password"，SqlDbType. VarChar，50）；
password. Value = strPassword；
myCmd. Parameters. Add（password）；
//添加参数
```

```
        SqlParameter realName = new SqlParameter ("@RealName", SqlDbType.VarChar,
50);
        realName.Value = strRealName;
        myCmd.Parameters.Add (realName);
        //添加参数
        SqlParameter sex = new SqlParameter ("@Sex", SqlDbType.Bit, 1);
        sex.Value = blSex;
        myCmd.Parameters.Add (sex);
        //添加参数
        SqlParameter phonecode = new SqlParameter ("@Phonecode", SqlDbType.VarChar,
20);
        phonecode.Value = strPhonecode;
        myCmd.Parameters.Add (phonecode);
        //添加参数
        SqlParameter email = new SqlParameter ("@Email", SqlDbType.VarChar, 50);
        email.Value = strEmail;
        myCmd.Parameters.Add (email);
        //添加参数
        SqlParameter address = new SqlParameter ("@Address", SqlDbType.VarChar, 200);
        address.Value = strAddress;
        myCmd.Parameters.Add (address);
        //添加参数
        SqlParameter postCode = new SqlParameter ("@PostCode", SqlDbType.Char, 10);
        postCode.Value = strPostCode;
        myCmd.Parameters.Add (postCode);
        //添加参数
        SqlParameter ReturnValue = myCmd.Parameters.Add ("ReturnValue", SqlDb-
Type.Int, 4);
        ReturnValue.Direction = ParameterDirection.ReturnValue;
        dbObj.ExecNonQuery (myCmd);
        return Convert.ToInt32 (ReturnValue.Value.ToString ());
    }
}
```

Register.aspx.cs 代码:

```
CommonClass ccObj = new CommonClass ();
UserClass ucObj = new UserClass ();
protected void Page_ Load (object sender, EventArgs e)
{

}
protected void btnSave_ Click (object sender, EventArgs e)
{
//判断是否输入必要的信息
if (this. txtPostCode. Text. Trim () = = "" && this. txtPhone. Text. Trim () = = ""
&& this. txtEmail. Text. Trim () = = "")
{
Response. Write (ccObj. MessageBoxPage (" 请输入必要的信息!"));
}
else
{
//将用户输入的信息插入到用户表 tb_ Member 中
int IntReturnValue = ucObj. AddUser (txtName. Text. Trim (), txtPassword. Text. Trim
(), txtTrueName. Text. Trim (), transfer (this. ddlSex. SelectedItem. Text),
txtPhone. Text. Trim (), txtEmail. Text. Trim (), txtAddress. Text. Trim (),
txtPostCode. Text. Trim ());
if (IntReturnValue = = 100)
{
Response. Write (ccObj. MessageBox (" 恭喜您，注册成功!"," Default. aspx"));
}
else
{
Response. Write (ccObj. MessageBox (" 注册失败，该名字已存在!"));

}

}

}
/// < summary >
/// 将性别转化为 Bool 值
/// </ summary >
```

```
///  < param name = "  strValue"  > 需要转化的性别值 </param >
///  < returns > 返回转化后的性别值 </returns >
protected bool transfer（string strValue）
{
if（strValue = = "  男"）
{
return true;
}
else
{
return false;

}
}
protected void btnReset_ Click（object sender，EventArgs e）
{
this. txtName. Text  = "";//用户名
this. txtPassword. Text  = "";//用户密码
this. txtTrueName. Text  = "";//用户真实姓名
this. txtPhone. Text  = "";//用户电话号码
this. txtPostCode. Text  = "";//邮政编码
this. txtEmail. Text  = "";//E – mail
this. txtAddress. Text  = "";//详细地址
}
```

图 5.7　"注册成功"对话框

习题

1. 单项选择题

（1）要访问 Oracle 数据源，应在应用程序中包含下列_____命名空间。

A. System. Data. Oracle
B. System. Data. OracleClient

C. System. Data. oracle
D. System. Data. Oracleclient

（2）关于 DataReader 对象，下列说法正确的是_____。

A. 可以从数据源随机读取数据

B. 从数据源读取的数据可读可写

C. 从数据源读取只前进且只读的数据流

D. 从数据源读取可往前也可往后且只读的数据流

（3）如果要将 DataSet 对象修改的数据更新回数据源，应使用 DataAdapter 对象的_____方法。

A. Fill 方法
B. Change 方法
C. Update 方法
D. Refresh 方法

（4）当 Command 对象用于存储过程时，应将 Command 对象的_____属性设置为 StoredProcedure。

A. CommandText 属性
B. CommandType 属性

C. StoredProcedure 属性
D. Parameters 属性

（5）指示 DataReader 包含一行或多行数据的属性是_____。

A. FieldCount 属性
B. RowsCount 属性

C. HasRows 属性
D. IsMore 属性

（6）在一个 DataSet 中可以有_____DataTable。

A. 只能有 1 个
B. 只可以有 2 个

C. 可以有多个
D. 不确定

2. 填空题

（1）ADO . NET 的两个核心组件是_____和_____。

（2）. NET Framework 数据提供程序的 4 个核心对象是_____、_____、_____和_____。

（3）SQL Server . NET Framework 数据提供程序位于_____命名空间中。

（4）OLE DB . NET Framework 数据提供程序位于_____命名空间中。

（6）在 ADO . NET 中，可以使用 Connection 对象来连接到指定的数据源。若要连接到 Microsoft SQL Server 7. 0 版或更高版本，使用 SQL Server . NET Framework 数据提供程序的_____对象。

（6）Connection 对象的_____属性是获取或设置用于打开 SQL Server 数据库的字符串。

（7）Command 对象公开了几个可用于执行所需操作的 Execute 方法。当以数据流的形式返回结果时，使用_____可返回 DataReader 对象；使用_____可返回单个值；使用_____可执行不返回行的命令。

（8）当 Command 对象用于存储过程时，可以将 Command 对象的 CommandType 属性设置为_____。

（9）使用 ADO．NET DataReader 从数据库中检索_____数据流。

（10）DataAdapter 的_____方法用于使用 DataAdapter 的_____的结果来填充 DataSet。

（11）DataSet 对象是支持 ADO．NET 的_____、_____的核心对象。

（12）DataSet 对象的 Relations 属性的作用是_____。

·······实训·······

实训项目：掌握 ADO．NET 访问数据库的方法。

实训性质：程序设计。

实训目的：

（1）熟练掌握 Connection 对象、Command 对象、DataReader 对象、DataAdapter 对象的使用方法。

（2）熟练掌握 DataSet 对象的使用方法。

（3）熟练掌握 ADO．NET 访问存储过程的方法。

（4）熟练掌握 ADO．NET 访问 Access 数据库的方法。

实训环境：Windows XP/2000、Visual Studio．NET 2008。

实训内容：

（1）创建一个 Access 数据库，数据库文件名为 MyData．mdb。在数据库中创建一个用户注册信息表，表名为：admin，包含字段：用户 ID——UserID、密码——Passwd、用户姓名——Name、电子邮件——Email 等。

（2）新建一个 Web 窗体页面，完成新用户注册信息的录入，注册信息包括用户 ID、密码、密码确认、用户姓名、电子邮件等。注册成功时将注册信息写入 Access 数据库，并显示注册成功。要注册成功，用户必须提供用户 ID 和密码。提供用户 ID 是否已被使用的检查功能。

实训指导：

（1）实训内容（1）分析与提示。

①该实训主要是让读者掌握 ADO．NET 访问 Access 数据库的方法。Access 数据库是在小型应用系统中常用的数据库，在用户数据量较小而且访问量不大时经常使用。

②使用 Office Access 新建一个 Access 数据库，将数据库文件名命名为 MyData．mdb。将该数据库文件放在应用程序根目录下，如：C：\ inetpub \ wwwroot \ Lab3 − 1 \ MyData．mdb。

③然后按实训内容（1）的要求添加用户 ID、密码、用户姓名、电子邮件字段。特别需要注意两点：在 Access 数据库创建表时，表的名字不能使用 user；创建表的密码字

段名时一定不能取为 Password，否则将出现意想不到的情况。所以本实训建议将密码字段名设为 Passwd。

④将 MyData. mdb 所在目录的读写权限分配给 ASPNET Machine 账号或 User 账号。

（2）实训内容（2）分析与提示。

①可以采用第 3 章实训的方式创建一个用户控件，再在 Web 窗体页面调用用户控件的方式来做本实训，也可重新做一个单独的 Web 窗体页面来完成实训（2）。以下示例是新建单独的 Web 页面来进行。

②在 VS . NET 中新建一个解决方案，然后添加一个 Web 窗体页面。在【解决方案资源管理】窗口，单击项目名称，按鼠标右键弹出菜单，在弹出菜单中选择【添加】｜【添加 Web 窗体】，在随后打开的【添加新项】窗口中的【输入名称】栏中输入用户控件的名称，比如：Lab4 - 1. aspx，按 Enter 键完成 Web 窗体文件的生成。

③确定所需控件和类型。在用户控件 Lab4_ 1. aspx 的"设计视图"状态，从工具栏拖入需要的控件。用户 ID、密码、密码确认、用户姓名、电子邮件使用 TextBox 控件；在用户 ID 控件的右边放置一个 Button 控件，Text 属性设置为"检查用户 ID"。一般的说明文字使用 Label 控件；然后再拖入一个 Button 控件，将 Button 控件的 Text 属性设置为"注册用户"。此外，还需要为用户 ID、密码使用 RequiredFieldValidator 验证控件来要求这两个字段内容必填；密码和密码确认使用 CompareValidator 验证控件来验证两次输入的密码是否一致；电子邮件使用 RegularExpressionValidator 验证控件来验证这两个字段的内容填写是否符合要求。为了方便进行布局，可以使用 HTML Table 表格。

④关联电子邮件的 RegularExpressionValidator 验证控件的正则表达式为"\ w +（［ - +.］\ w +）＊@ \ w +（［ -.］\ w +）＊\ . \ w +（［ -.］\ w +）＊"，即电子邮件要求输入符合格式的邮件地址，如：Owen@ hotmail. com。

⑤在用户控件的"设计视图"状态，双击"注册用户"Button 控件，系统将自动生成 Button 控件的 On_ Click 事件及其事件处理代码框架，在 Button 控件的 On_ Click 事件中输入以下代码。

```
private void Button2_ Click（object sender，System. EventArgs e）
{
// 定义 OleDbConnection
String connStr = " Provider = Microsoft. Jet. OLEDB. 4. 0；Data Source =
" + Server. MapPath（" myData. mdb"）；
OleDbConnection conn1 = new OleDbConnection（connStr）；
// 方法 1：定义带参数的 OleDbCommand
String InsertStr = " Insert into admin（UserId，Passwd，Name，Email）values
（@ UserID，@ Passwd，@ Name，@ Email）"；
OleDbCommand command1 = new OleDbCommand（InsertStr，conn1）；
// 定义 OleDbCommand 的各个参数
```

command1. Parameters. Add（" @ UserID"，OleDbType. VarWChar，20）；

command1. Parameters［" @ UserID"］. Value = UserID_ Edit. Text；

command1. Parameters. Add（" @ Passwd"，OleDbType. VarWChar，20）；

command1. Parameters［" @ Passwd"］. Value = Password_ Edit. Text；

command1. Parameters. Add（" @ Name"，OleDbType. VarWChar，20）；

command1. Parameters［" @ Name"］. Value = Name_ Edit. Text；

command1. Parameters. Add（" @ Email"，OleDbType. VarWChar，20）；

command1. Parameters［" @ Email"］. Value = EMail_ Edit. Text；

// 方法 2：不带参数的 OleDbCommand

//String InsertStr = " Insert into admin（UserID，Passwd，Name，Email）

values（";

//InsertStr + = "′" + UserID_ Edit. Text + "′" + "，"；

//InsertStr + = "′" + Password_ Edit. Text + "′" + "，"；

//InsertStr + = "′" + Name_ Edit. Text + "′" + "，"；

//InsertStr + = "′" + Email_ Edit. Text + "′" + "）"；

//OleDbCommand command1 = new OleDbCommand（InsertStr，conn1）；

// 执行 OleDbCommand 对象的 ExecuteNonQuery 方法

try

{

conn1. Open（）；

command1. ExecuteNonQuery（）；

Response. Write（" < script language = ′javascript′ > alert（′注册成功!′）；

</ script >"）；

} catch（OleDbException e1）

{

string ErrorStr，tmpStr；

tmpStr = " 注册失败!" + e1. ToString（）；

ErrorStr = " < script language = ′javascript′ > alert（′注册失败!′）；

</ script >"；

Response. Write（ErrorStr）；

span1. InnerHtml = tmpStr；

}

}

⑥在浏览器中运行查看 Lab4 - 1. aspx 页面，运行效果如图 5.8 所示。

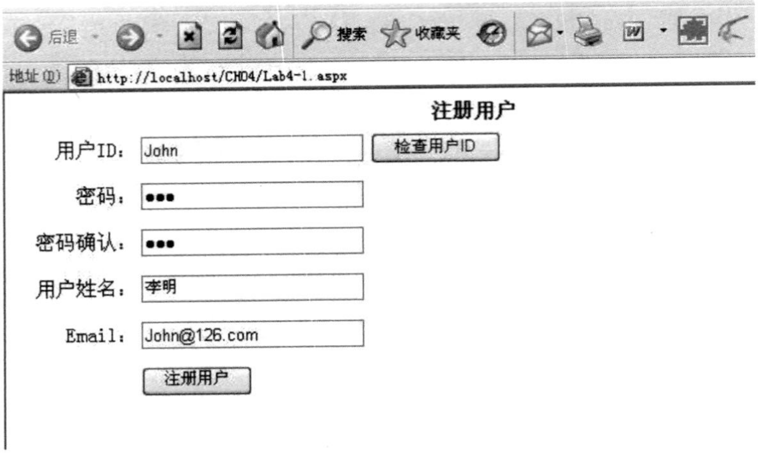

图 5.8　使用 Access 数据库注册用户

项目六 商品信息管理

在电子商务系统中对商品信息的管理十分重要，一个好的电子商务系统必须要有一个强大商品库存管理模块。

6.1 情景分析

校园超市系统中的主要功能是商品的查看、添加、删除和修改操作，网站的商品管理页面如图 6.1 所示。本章通过介绍数据源控件、数据绑定控件 GridView、FormView 和文件上传控件 FileUpLoad 的使用，结合 DataSet 和 DataAdapter 对象，详细介绍商品信息管理各功能的实现。

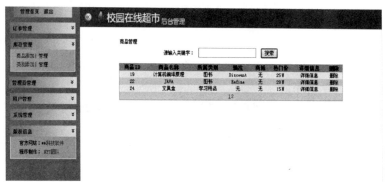

图 6.1 商品管理页面

6.2 商品信息查询

ASP．NET 包含数据访问工具，利用这些工具，可以比以前任何时候都方便地设计站点，以允许用户通过 Web 页与数据库进行交互。

6.2.1 SqlDataSource 控件

通过 SqlDataSource 控件，可以使用 Web 控件访问位于关系数据库（包括 Microsoft SQL Server 和 Oracle 数据库以及 OLE DB 和 ODBC 数据源）中的数据。您可以将 SqlData-Source 控件与其他显示数据的控件（如 GridView、FormView 和 DetailsView 控件）一起使用，用极少代码甚至不用代码来在 ASP．NET 网页上显示和操作数据。

1. SqlDataSource **控件**

SqlDataSource 控件使用 ADO．NET 类与 ADO．NET 支持的任何数据库进行交互。这类数据库包括 Microsoft SQL Server（使用 System．Data．SqlClient 提供程序）、

System. Data. OleDb、System. Data. Odbc 和 Oracle（使用 System. Data. OracleClient 提供程序）。使用 SqlDataSource 控件，可以在 ASP. NET 页中访问和操作数据，而无需直接使用 ADO. NET 类。只需提供用于连接到数据库的连接字符串，并定义使用数据的 SQL 语句或存储过程即可。在运行时，SqlDataSource 控件会自动打开数据库连接，执行 SQL 语句或存储过程，返回选定数据（如果有），然后关闭连接。

配置 SqlDataSource 控件时，将 ProviderName 属性设置为数据库类型（默认为 System. Data. SqlClient）并将 ConnectionString 属性设置为连接字符串，该字符串包含连接至数据库所需的信息。连接字符串的内容根据数据源控件访问的数据库类型的不同而有所不同。例如，SqlDataSource 控件需要服务器名、数据库（目录）名，还需要如何在连接至 SQL Server 时对用户进行身份验证的相关信息。有关有效连接字符串的信息，请参见 SqlConnection、OracleConnection、OleDbConnection 和 OdbcConnection 类的 Connection-String 属性主题。

下面通过一个实例演示 SqlDataSource 控件实现对数据库的数据访问。

【例 6.1】使用 SqlDataSource 控件连接到 SQL Server 数据库。查询商品类型表 T_Ware 中商品类别的名称，并将查询结果置于下拉列表控件中。

首先，新建设名为 Test. aspx 的 Web 页，在设计视图下双击数据分类项中的 SqlDataSource 控件就会添加一个 SqlDataSource 到当前页面。鼠标单击 SqlDataSource 时会出现一个小三角箭头（即"智能标记"按钮），如图 6.2 所示。

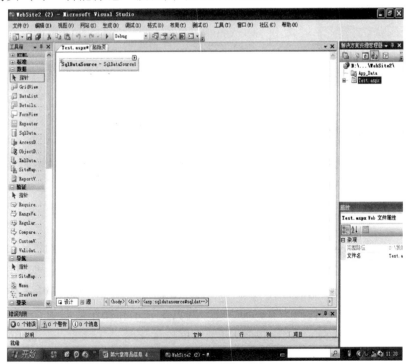

图 6.2　配置 SqlDataSource 数据源

SqlDataSource 控件的 HTML 标签:

＜asp：SqlDataSource ID =＂SqlDataSource1＂ runat =＂server＂＞

＜/asp：SqlDataSource＞

单击配置数据源,出现如图 6.3 所示。

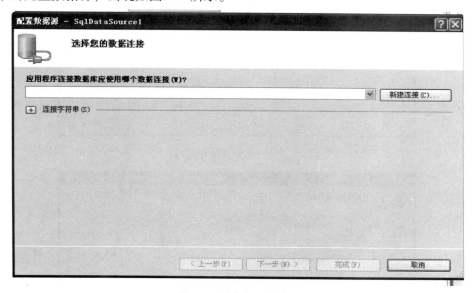

图 6.3 创建数据库连接

单击新建连接,弹出图所示的对话框,进行数据源的配置。默认情况下连接到 SQL Server 数据库,通过单击"更改"可对 Access 数据库文件、ODBC 数据源、SQL Server 数据库等进行配置。

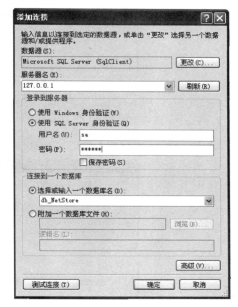

在图对话框中,设置服务器及服务器登录方式,并选择要连接的数据库,如图 6.4 所示。

值得注意的是,如果要连接的数据服务器与开发者的机器在同一个局域网里,可能使用局域网 IP 地址或者局域网中的电脑主机名;如果要连接的数据库服务器与开发者所使用的机器是同一强机器,则可能使用"(local)"、"."或者"127. 0. 0. 1"来标识。

单击"测试连接"按钮,如果弹出连接成功的提示消息,就表示这个数据库连接是可用的。单击"确定"按扭,回到"醒置数据源"界面,这

图 6.4 设置数据库连接

时点击连接字符器旁边的"+"按扭就可到数据连接字符地串信息,如图 6.5 所示。

单击"下一步"按钮,出现如图 6.6 所示的页面,可能将连接字符串保存到应用程序配置文件(Web. Config)中,这样连接字符串就轻松地创建好了。

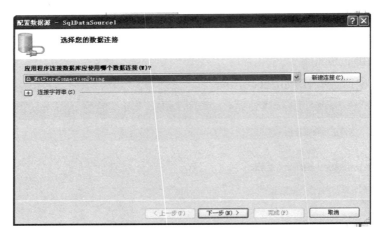

图 6.5　选择数据库连接

图 6.6　保存数据库连接字符串到 Web.config

接下来就要配置 SQL 语句了，根据两种方式从数据库中检索数据：一种是自定义 SQL 语句或存储过程；另一种是指事实上来自表或视图的列，如图 6.7 所示。

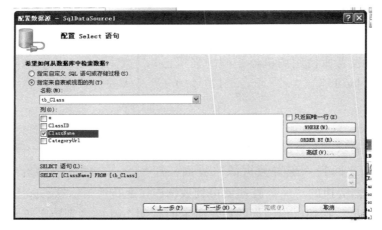

图 6.7　配置数据库查询

选据查询商品类别表中的所有列，也可以根据需求，对数据进行筛选、排序等。单击"下一步"按钮，最后点击"完成"按钮。

通过上述步骤，完成了对 SqlDataSource 数据源的配置。

在页面中，添加一个 DropDownList 控件，单击该控件右边的"智能标记"按钮，单击"选择数据源"，出现如图 6.8 所示的对话框。

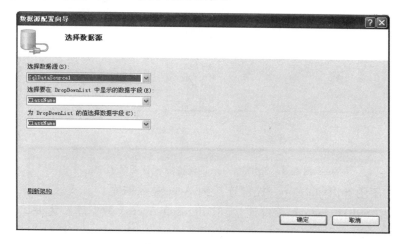

图 6.8　配置数据库查询

选择数据源为"SqlDataSource1"；选择要在 DropDownList 中显示的数据字段为：

< asp：SqlDataSource ID = " SqlDataSource1" runat = " server" ConnectionString = " < % $ ConnectionStrings：db_ NetStoreConnectionString % >"

SelectCommand = " SELECT〔ClassName〕FROM〔tb_ Class〕" > </asp：SqlDataSource >

商品类别：< asp：DropDownList ID = " DropDownList1"

runat = " server" AutoPostBack = " True" DataSourceID = " SqlDataSource1" DataTextField = " ClassName"

DataValueField = " ClassName" >

</asp：DropDownList >

从页面代码可以知道，SqlDataSource 控件的两个重要属性如下：

（1）ConnectionString：设置为用于特定数据库的连接字符串。

为使 Web 应用程序更易于维护，并且安全性更高，通常将连接字符串存储在应用程序配置文件的 connectionStrings 无素中，如上述代码所示。

（2）SelectCommand：指定该控件要执行的 SQL 查询。

在浏览器中查看 Test. aspx 页面效果，如图 6.9 所示。

从上例看出，通过 SqlDataSource 数据源控件，不用书写一行代码，就可完成对数据库中数据的检索，大大地提高了应用程序的开发效率。

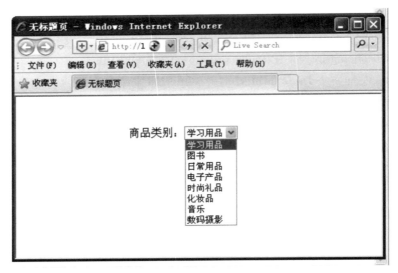

图 6.9　SqlDataSource 数据源控件筛选数据

【例 6.2】使用 SqlDataSource 控件连接到 Access 数据库。

您可以使用 SqlDataSource 控件连接到 Microsoft Access 数据库。为此，您需要一个连接字符串和一个 Access 数据文件。然后就可以使用 SqlDataSource 控件为任何支持 DataSourceID 属性的数据绑定控件（如 GridView 控件）提供数据。也可以使用 AccessDataSource 控件连接到 Access 数据库，该控件支持 DataFile 属性以用来指定要连接到的 .mdb 文件的名称。但是，如果使用 SqlDataSource 控件连接到 Access 数据库，则可以指定其他一些连接属性（如身份验证凭据）。一般来说，如果要连接到的 Access 数据库需要密码，则应该使用 SqlDataSource 控件来进行连接，将身份验证凭据存储在 Web.config 文件中的连接字符串中，并通过加密方式来保护连接字符串。

（1）在 Web.config 文件中配置用于 Access 的连接字符串。

打开位于 ASP.NET 应用程序的根目录中的 Web.config 文件。如果没有 Web.config 文件，请创建一个。

在 Configuration 元素中，如果没有 ConnectionStrings 元素，则添加一个。

创建一个 add 元素作为 ConnectionStrings 元素的子级，定义以下属性：

name 将值设置为要用来引用连接字符串的名称。

name = " CustomerDataConnectionString"

connectionString 分配一个连接字符串，在其中指定适用于 Microsoft Access 的提供程序、Access 数据文件的位置和身份验证信息（如果适用）。连接字符串可能类似于这样：

connectionString = " Provider = Microsoft.Jet.OLEDB.4.0; Data Source = | DataDirectory | Northwind.mdb;"

providerName 分配值"System.Data.OleDb"，该值指定 ASP.NET 在使用此连接字符串建立连接时应使用 ADO.NET 提供程序 System.Data.OleDb。

连接字符串配置将类似如下所示：

```
< connectionStrings >
    < add name = " CustomerDataConnectionString"
        connectionString = " Provider = Microsoft. Jet. OLEDB. 4. 0;
            Data Source = | DataDirectory | Northwind. mdb"
        providerName = " System. Data. OleDb" / >
</connectionStrings >
```

保存并关闭 Web. config 文件。

（2）从 SqlDataSource 控件引用 Access 连接字符串。

在要在其中连接到 Access 数据库的页中，添加一个 SqlDataSource 控件。

在 SqlDataSource 控件中，设置以下属性：

SelectCommand 设置为一个用于检索数据的 SQL Select 语句，如下面的示例所示：

SelectCommand = " Select * From Customers"

ConnectionString 设置为您在 Web. config 文件中创建的连接字符串的名称。

ProviderName 设置为您在 Web. config 文件中指定的提供程序的名称.

下面的示例演示了一个配置为连接到 Access 数据库的 SqlDataSource 控件。

```
< asp：SqlDataSource
    ID = " SqlDataSource1"
    runat = " server"
    ConnectionString = " <% $ ConnectionStrings：CustomerDataConnectionString %
>"
    ProviderName = " <% $ ConnectionStrings：CustomerDataConnection-
String. ProviderName % >"
    SelectCommand = " SELECT * FROM Customers" / >
```

现在可以将其他控件（如 GridView 控件）绑定到 SqlDataSource 控件。

【例 6.3】使用 SqlDataSource 控件连接到 ODBC 数据库。

可使用 SqlDataSource 控件连接到支持开放式数据库连接（ODBC）的任何数据库，方式是将连接字符串的信息存储在 Web 应用程序的 Web. config 文件中，然后从您的 SqlDataSource 控件引用此连接字符串。本主题演示如何将 SqlDataSource 控件连接到任何 ODBC 数据源。

（1）在 Web. config 文件中为 ODBC 配置连接字符串。

打开位于 ASP. NET 应用程序的根目录中的 Web. config 文件。如果没有 Web. config 文件，请创建一个。

在 Configuration 元素中，如果没有 ConnectionStrings 元素，则添加一个。

创建一个 add 元素作为 ConnectionStrings 元素的子级，定义以下属性：

name 将值设置为要用来引用连接字符串的名称。

connectionString 指定要连接到的数据库需要的连接字符串，设置适当的驱动程序、服务器名称和验证信息。每个 ODBC 数据库使用不同的连接字符串值。有关必须使用哪种连接字符串值的信息，请与您的数据库管理员联系。

providerName 指定值"System. Data. Odbc"，该值指定当使用此连接字符串进行连接时，ASP. NET 应使用 ADO. NET System. Data. Odbc 提供程序。

连接字符串的配置与下面的示例类似。在本示例中，连接字符串值用于通过使用 ODBC 提供程序连接到数据库。本示例使用的连接字符串是为示例数据库虚构的字符串。

```
< configuration >
< connectionStrings >
< add name = " ODBCDataConnectionString" connectionString = " Driver = ODBCDriver;
server = ODBCServer;" providerName = " System. Data. Odbc" / >
</connectionStrings >
</configuration >
```

保存并关闭 Web. config 文件。

（2）从 SqlDataSource 控件引用 ODBC 连接字符串。

在想要连接到 ODBC 数据库的页中，添加一个 SqlDataSource 控件。

在 SqlDataSource 控件中，指定下面的属性：

SelectCommand 设置为您想要为此数据控件执行的查询。查询的语法取决于您所访问的数据源。

ConnectionString 设置为您在 Web. config 文件中创建的连接字符串的名称。

ProviderName 设置为您在 Web. config 文件中为相应的连接字符串指定的提供程序的名称。

下面的示例演示一个配置为访问 ODBC 数据源的 SqlDataSource 控件。在本示例中，SelectCommand 属性设置为 SQL 查询。

```
< asp：SqlDataSource
ID = " SqlDataSource1"
Runat = " server"
SelectCommand = " Select ∗ From Products"
ConnectionString = " < % $ ConnectionStrings：ODBCDataConnectionString % >"
ProviderName = " < % $ ConnectionStrings：ODBCDataConnectionString. ProviderName
% >" / >
```

2. 数据绑定控件

像 DropDownList 一样，可以配置数据源的控件，称为数据绑定控件。常用的数据绑定控件有 GridView、DataList、FormView、Repeater 等。在 ASP. NET 中，所有的数据库绑定控件都是从 BaseDataBoundControl 这个抽象类派生的，它定义了几个重要属性和一个重要方法：

● DataSource 属性：指定数据绑定控件的数据来源，显示的时候程序将会从这个数据源中获取数据并显示。

● DataSourceID 属性：指定数据绑定控件的数据源控件的 ID，显示的时候程序将会根据这个 ID 找到相应的数据源控件，并利用这个数据源控件中指定方法获取数据并显示。

● DataBind（）方法：当指定了数据绑定控件的 DataSource 属性或者 DataSourceID 属性之后，再调用 DataBind（）方法才会显示绑定的数据。

在使用数据源时，会先尝试使用 DataSourceID 属性标识的数据源，只在没有设置 DataSourceID 时才会用到 DataSource 属性标识的数据源。也就是说，DataSource 和 DataSourecID 两个属性不能同时使用。

6.2.2　GridView 控件

1. GridView 控件概述

在 ASP. NET 开发 Web 应用程序的过程中，GridView 是一个非常重要的控件，几乎任何与数据相关的显示都要用到该控件。所以熟练掌握 GridView 控件的应和技巧是每个 Web 开发人员所必备的基本能力。

GridView 控件是以表格的形式显示数据源的值，每列表示一个字段，每行表示一条记录。该控件提供了诸如内置排序功能、内置更新和删除功能、内置分页功能、内置行选择功能、以编程方式访问 GridView 对象模型、动态设置属性、处理事件等功能。同时，它还可以通过主题和样式自定义外观，实现多种样式的数据展示。表 6-1 列举了 GridView 控件的常见属性。

表 6-1　GridView 控件的常见属性

属性	描述
AllowPaging	指示该控件是否支持分页
AllowSorting	指示该控件是否支持排序
AutoGenerateColumns	指示是否自动地为数据源中的每个字段创建列。默认为 true
AutoGenerateDeleteButton	指示该控件是否包含一个按钮列以允许用户删除映射到被单击行的记录
AutoGenerateEditButton	指示该控件是否包含一个按钮列以允许用户编辑映射到被单击行的记录
AutoGenerateSelectButton	指示该控件是否包含一个按钮列以允许用户选择映射到被单击行的记录
DataMember	指示一个多成员数据源中的特定表绑定到该网格。该属性与 DataSource 结合使用。如果 DataSource 是有一个 DataSet 对象，则该属性包含要绑定的特定表的名称

续表

DataSource	获得或设置包含用来填充该控件的值的数据源对象
DataSourceID	指示所绑定的数据源控件
Columns	获取 GridView 控件中列字希的集合
PageCount	获取在 GridView 控件显示数据源记录所需的页数
PageIndex	获取或设置当前显示页的索引
PagerSetting	设置 GridView 的分页样式
PageSize	设置 GridView 控件每次显示的最大记录条数

2. 格式化 GridView 控件

在软件项目开发时，功能的实现固然重要，但界面的呈现风格也是不容忽视的，友好和谐的界面风格能为软件增色不少。有两种方式可对 GridView 控件的样式进行调整。一种方式是通过"智能标记"下的"自动套用格式"菜单，这种方式简单、直观，可以直接在窗口上看到最终格式化的效果。设置步骤如下：

（1）添加 SqlDataSource 控件，并配置数据源。

（2）添加 GridView 控件，单击"智能标记"菜单，选择数据源为 SqlDataSource1。单击自动套用格式对话框中的"选择方案"列表中合适的样式，可以通过"预览"部分查看所选择格式的效果。

另一种方式是通过设置 GridView 控件不同部分的样式属性自定义该控件的外观。这些样式包括一些基本的样式，如 BackColor、BorderStyle 等。

3. GridView 控件的列字段

如果需要对 Gridview 控件中每一列自定义格式，则需单击"智能标记"中的"编辑列"，弹出如图所示的对话框，这样就可以对每列进行详细的设置了。

从图中我们可以看出，在 GridView 中可以显示 7 种类型的列，如表所示。

GridView 控件中的每一列由一个 DataControlField 对象表示。默认情况下，AutoGenerateColumns 属性被设置为 true，为数据源中的每一个字段创建一个 AutoGeneratedField 对象。每个字段然后作为 GridView 控件中的列呈现，其顺序同于每一字段在数据源中出现的顺序。

通过将 AutoGenerateColumns 属性设置为 false，然后定义您自己的列字段集合，您也可以手动控制哪些列字段将显示在 GridView 控件中。不同的列字段类型决定控件中各列的行为。下表列出了可以使用的不同列字段类型。

表 6 - 2　GridView 控件中的列

列字段类型	说明
BoundField	显示数据源中某个字段的值。这是 GridView 控件的默认列类型
ButtonField	为 GridView 控件中的每个项显示一个命令按钮。这使您可以创建一列自定义按钮控件，如"添加"按钮或"移除"按钮

CheckBoxField	为 GridView 控件中的每一项显示一个复选框。此列字段类型通常用于显示具有布尔值的字段
CommandField	显示用来执行选择、编辑或删除操作的预定义命令按钮
HyperLinkField	将数据源中某个字段的值显示为超链接。此列字段类型允许您将另一个字段绑定到超链接的 URL
ImageField	为 GridView 控件中的每一项显示一个图像
TemplateField	根据指定的模板为 GridView 控件中的每一项显示用户定义的内容。此列字段类型允许您创建自定义的列字段

（1）绑定列：用于显示数据源中一列的信息。对于要显示的每个数据列，通常都对应于一个绑定列，需要赤示几个字段，就加入几个绑定列。使用绑定列还可以设置相关属性。例如，列标头和列脚注的文本、字体、颜色、列宽、数据格式以及列是否为只读（当行编辑模式时，它是否会显示可编辑控件）等。当字段固定时可选用绑定列。添加绑定列界面如图所示。添加绑定列后，其 HTML 标签码如下：

＜asp：BoundField DataField＝" sp_ WareID" HeaderText＝" 商品编号" InsertVisible＝" False" ReadOnly＝" True" SortExpression＝" sp_ WareID" ／＞

（2）复选框列：用于显示布乐型号数据字段的值。由于复选框只能显示选定的或未选定的状态，因此，复选框列只能绑定到具有布尔型数据类型的字段。通过设置 DataField 属性完成列的绑定，还可通过设置 Text 属性为复选框添加标题。添加复选框列后，其列标签代码如下：

＜asp：CheckBoxField DataField＝" sp_ Checked" HeaderText＝" 审核" SortExpression＝" sp_ Checked" ／＞

（3）超链接列：用于显示名行中的链接。超链接的文本可以指定，也可以从数据列中导出链接文本。同样，超过链接的 URL 可以指定或者从数据源中获取。例如，当用 GridView 显示商品列表时，加超链接后，通过传递主键参数，就可以在另外一个页面上显示商品的详细信息。其 HTML 标签代码如下：

＜asp：HyperLinkfield DataNavigateUrlFields＝" sp_ WareID" DataNavigateUrlFormatString＝" Details. aspxspID＝ ｛0｝" HeaderTex＝" 查看" Text＝" 查看" ／＞

此超链接利用查询字符串将 sp_ WareID 的值传递到 Details. aspx 页。

（4）图像列：可以为所显示的每个记录显示图像。只需将图像列绑定到包含图像 URL 的数据源中的字段上，这可通过设置 DataImageUrlField 属性完成。可以通过使用 DataImageUrlFormatString 属性来设置 URL 值的格式。当添加图像列后，其对应的 HTML 标签代码如下：

＜asp：ImageField DataImageUrlField＝" tp_ ImagePath" HeaderText＝" 商品图片" ＞

</asp：ImageField＞

每个图像还可以具有与之相关联的备用文本，当无法加载图像或图像不可用时，将显示此文本。

可以使用以下方法之一为所显示的图像指定备用文本：

①使用 AlternateText 属性指定图像的备用文本；

②使用 DataAlternateTextField 属性可将数据源中的字段绑定到每个图像的 Alternate-Text 属性。这可用于为每个显示的图像选择不同的备用文本。绑定数据时，还可以使用 DataAlternateTextFormatString 属性格式化备用文体。

（5）按钮列：可以创建"编辑"、"更新"、"取消"和"删除"功能的按钮。当 GridView 处于编辑模式时，"编辑"按钮替换为两个按钮；"更新"按钮和"取消"按钮。此功能适用于字段内容不长的数据维护。当添加按钮列后，其对应的 HTML 标签代码如下：

＜asp：ButtonFieldButtonType＝"Link" commandName＝"Update" HeaderText＝"编辑" ShowHeader＝"True" Text＝"更新" /＞

＜asp：CommandFieldButtonType＝"Button" HeaderText＝"操作" ShowDeleteButton＝"True" ShoiwEditButton＝"True" ShowHeader＝"True" ShowSelectButton＝"True" /＞

（6）模板列：在使用 GridView 显示数据时，对每列进行单独控制。例如，在校园在线超市系统中，当显示商品列表时，除显示商品的基本信息外，还需显示商品所属的分类，而分类数据存放于另一张数据表中，这时，希望通过 TextBox 控件来显示每个商品的分类信息。使用 GridView 的模板列可以很方便地实现自定义列。

4．分页

ASP. NET 2.0 中的 GridView 控件内置分页，可以使用默认分页用户界面和创建自定义的分页界面。

使用 GridView 控件的界面方式可以很方便地实现分页。在 Visual Studio 2005 中的设计视图中，单击 GridView 的"智能标记"菜单的"启用分页"项，就可以实现自动分页。

也可以通过编程方式将 GridView 控件的 AllowPaging 属性设置为 True，并通过 PageSize 属性来设置页的大小，还可通过设置 PageIndex 属性设置 GridView 控件的当前页。使用 PagerSettings 属性进行分页的 UI 设计，常用的模式如表6－3所示。

表6－3　GridView 控件的分页模式

分页模式	说明
NextPrevious	由"上一页"和"下一页"按钮组成的分页控件
NextPreviousFirstLast	由"上一页"、"下一页"、"首页"和"末页"按钮组成的分页控件
Numeric	由用于直接访问页的带编号的链接按钮组成的分页控件
NumericFirstLast	由带编号的链接铵钮及"首页"和"末页"链接铵钮组成的分页控件

界面方式设置控件的 PagerSettins 属性对应的 HTML 标签代码如下：

< PagerSettings FirstPageText = " 首页" LastPageText = " 末页" Mode = " NextPrevious-FirstLast" NextPageText = " 下一页" PreviousPageText = " 上一页" / >

用户也可以通过程序代码设置 PagerSettings 的 Mode 属性来自定义分页模式，如：

GridView. PagerSettings. Mode = PagerButtons. NextPrevious；

GridView1. PagerSettings. NextPageText = " 下一页"；

GridView1. PagerSettings. PreviousPageText = " 上一页"；

5.排序

像分页一样，可以像启用分页功能一样启用 GridView 控件的排序功能，也可以通过编辑的方式将 AllowSorting 属性设置为 true 来启用排序。

启用排序功能后，GridView 控件将 LinkButton 控件呈现在列标题中。同时，该控年还将每一列的 SortExpression 属性隐式设置为它所绑定的数据字段的名称。例如，例中GridView 显示的第一列为"商品编号"列，则该列的 SortExpression 属性将被告自动设置为 sp_ WareID。当在浏览器中查看时，用户可以单击列标题中的 LinkButton 控件，使之按该列排序。

6.3 商品信息的添加、修改和删除

6.3.1 DataAdapter 对象和 DataSet 对象

1. DataAdapter 对象

DataAdapter 对象用作 DataSet 和数据源之间的桥接器以便检索和保存数据。DataAdapter 通过 Fill（填充了 DataSet 中的数据以便与数据源中的数据相匹配）和 Update（更改了数据源中的数据以便与 DataSet 中的数据相匹配）来提供这一桥接器。

. NET Framework 所包含的每个 . NET Framework 数据提供程序都具有一个 DataAdapter 对象：OLE DB . NET Framework 数据提供程序包含 OleDbDataAdapter 对象，SQL Server . NET Framework 数据提供程序包含 SqlDataAdapter 对象，ODBC . NET Framework 数据提供程序包含 OdbcDataAdapter 对象。DataAdapter 对象用于从数据源中检索数据并填充DataSet 中的表。DataAdapter 还会将对 DataSet 作出的更改解析回数据源。DataAdapter 使用 . NET Framework 数据提供程序的 Connection 对象连接到数据源，使用 Command 对象从数据源中检索数据并将更改解析回数据源。

DataAdapter 的 Fill 方法用于使用 DataAdapter 的 SelectCommand 的结果来填充 DataSet。Fill 将要填充的 DataSet 和 DataTable 对象（或要使用从 SelectCommand 中返回的行来填充的 DataTable 的名称）用作它的参数。Fill 方法使用 DataReader 对象来隐式地返回用于在 DataSet 中创建表的列名称和类型以及用来填充 DataSet 中的表行的数据。表和列仅在不存在时才创建；否则，Fill 将使用现有的 DataSet 架构。

DataAdapter 的 Update 方法可调用来将 DataSet 中的更改解析回数据源。与 Fill 方法类

似，Update 方法将 DataSet 的实例和可选的 DataTable 对象或 DataTable 名称用作参数。DataSet 实例是包含已作出的更改的 DataSet，而 DataTable 标识从其中检索更改的表。

当调用 Update 方法时，DataAdapter 将分析已作出的更改并执行相应的命令（IN-SERT、UPDATE 或 DELETE）。当 DataAdapter 遇到对 DataRow 的更改时，它将使用 Insert-Command、UpdateCommand 或 DeleteCommand 来处理该更改。这样，就可以通过在设计时指定命令语法并在可能时通过使用存储过程来尽量提高 ADO．NET 应用程序的性能。在调用 Update 之前，必须显式地设置这些命令。如果调用了 Update 但不存在用于特定更新的相应命令（例如，不存在用于已删除行的 DeleteCommand），则将引发异常。

DataAdapter 具有四项用于从数据源检索数据和向数据源更新数据的属性。SelectCom-mand 属性从数据源中返回数据。InsertCommand、UpdateCommand 和 DeleteCommand 属性用于管理数据源中的更改。在调用 DataAdapter 的 Fill 方法之前，必须设置 SelectCommand 属性。根据对 DataSet 中的数据作出的更改，在调用 DataAdapter 的 Update 方法之前，必须设置 InsertCommand、UpdateCommand 或 DeleteCommand 属性。例如，如果已添加行，在调用 Update 之前必须设置 InsertCommand。当 Update 处理已插入、更新或删除的行时，DataAdapter 将使用相应的 Command 属性来处理该操作。有关已修改行的当前信息将通过 Parameters 集合传递到 Command 对象。

DataAdapter 对象常用的属性和方法见表 6 - 4。

表 6 - 4　DataAdapter 对象常用的属性和方法

属性	说明
DeleteCommand	获取或设置一个 Transact - SQL 语句或存储过程，以便在数据集中删除记录
InsertCommand	获取或设置一个 Transact - SQL 语句或存储过程，以便在数据源中插入新记录
IsClosed	获取一个值，该值指示数据读取器是否已关闭
SelectCommand	获取或设置一个 Transact - SQL 语句或存储过程，用于在数据源中选择记录
TableMappings	获取一个集合，它提供源表和 DataTable 之间的主映射
UpdateCommand	获取或设置一个 Transact - SQL 语句或存储过程，用于更新数据源中的记录
方法	说明
Fill	在 DataSet 中添加或刷新行以便匹配使用 DataSet 名称的数据源中的行，并创建一个名为 "Table" 的 DataTable
Update	为 DataSet 中每个已插入、已更新或已删除的行调用相应的 INSERT、UPDATE 或 DELETE 语句

2．DataSet 对象

DataSet 对象是数据集对象，它是支持 ADO．NET 的断开式、分布式数据方案的核心对象。DataSet 是数据的内存驻留表示形式，无论数据源是什么，它都会提供一致的关系编程模型。它可以用于多个不同的数据源，用于 XML 数据，或用于管理应用程序本地的数据。DataSet 表示包括相关表、约束和表间关系在内的整个数据集。图 5.13 是 DataSet

对象模型。

　　ADO . NET DataSet 是一种驻留内存的数据缓存，它可以作为数据的无连接关系视图。当应用程序查看和操作 DataSet 中的数据时，DataSet 没有必要与数据源一直保持连接状态。只有在从数据源读取或向数据源写入数据时才使用数据库服务器资源，数据集存储数据类似于关系数据库，它们都使用具有层次关系的表、行、列的对象模型，还可以为数据集中的数据定义约束和关系。

　　（1）DataTable 对象用来表示 DataSet 中的表。一个 DataTable 代表一张内存中关系数据的表，在一个 DataSet 中可以有多个 DataTable，一个 DataTable 由多个 DataColumn 组成。DataTable 中的数据可以从已有的数据源中导入数据来填充 DataTable，这些数据对于驻留于内存的 . NET 应用程序来说是本地数据。

　　DataColumn 用于创建 DataTable 的数据列。每个 DataColumn 都有一个 DataType 属性，该属性确定 DataColumn 中数据的类型。

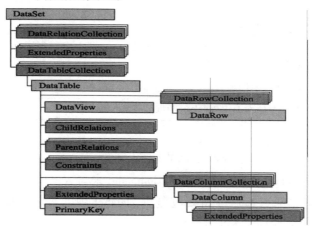

图 6.10　DataSet 对象模型

　　DataTable 对象包含了一些集合，这些集合描述了表中的数据并在内存中缓存这些数据。表 6 - 5 描述了一些重要的集合。

表 6 - 5　DataTable **对象包含的重要集合**

集合	集合中对象的类型	集合中对象的描述
Columns	DataColumns	包含表中列的数据元素，例如：列名、数据类型以及数据行在这个列中是否能包含空值
Rows	DataRow	包含表中的一行数据。在应用程序对原始数据做出任何更改之前，DataRow 对象也维护行中原始数据
Constraints	Constraint	表示在一个或多个 DataColumn 对象上的约束。约束是抽象类，它有两个子类：Unique 和 ForeignKeyConstraint
ChildRelation	DataRelation	表示与 DataSet 中另一个表中的列的关系。使用 DataRelation 对象在表中的主键和外键之间创建连接

DataSet 对象常用的属性和方法见表 6 – 6。

表 6 – 6　DataSet 对象常用的属性和方法

属性	说明
CaseSensitive	获取或设置一个值，该值指示 DataTable 对象中的字符串比较是否区分大小写
DataSetName	获取或设置当前 DataSet 的名称
Relations	获取用于将表链接起来并允许从父表浏览到子表的关系的集合
Tables	获取包含在 DataSet 中的表的集合 DataTableCollection
方法	说明
Clear	通过移除所有表中的所有行来清除任何数据
Clone	复制 DataSet 的结构，包括所有 DataTable 架构、关系和约束。但是不复制任何数据
Copy	复制该 DataSet 的结构和数据
HasChanges	获取一个值，该值指示 DataSet 是否有更改，包括新增行、已删除的行或已修改的行
ReadXml	将 XML 架构和数据读入 DataSet
GetXml	返回存储在 DataSet 中的数据的 XML 表示形式

3．填充数据集

填充 DataSet 时，DataAdapter 将查询的结果存储在 DataSet 的 DataTable 对象中，当执行这一过程时，DataAdapter 使用一个 SelectCommand 来与数据库通信，并在内部使用 DataReader 来获取查询结果，最后才将要复制到 DataSet 中的表中，这就是数据填充的过程。具体操作时，只要调用其 Fill 方法即可。

从上述可知，DataAdapter 填充 DataSet 的过程主要分为两个步骤：

● 通过 DataAdapter 的 SelectCommand 属性从数据库中检索出所需数据。

● 调用 DataAdapter 的 Fill 方法把检索出的数据填充到 DataSet 中。

填充数据集代码如下：

String connstr = ConfigurationManager. ConnectionStrings ［ " SMDBCommStr "］. CommectionString；

SqlConnection sqlconn = new SqlConnection （connstr）；

sqlConn. Open （）；

string str = " SELECT ∗ FROM T_ WareType"

SqlDataAdapter da = new SqlDataAdapter （str，sqlConn）；

DataSet ds = new DataSet （）；

Da. Fill （ds," splb"）；

这时，DataSet 中的表可以直接作为数据控件的数据源，只需设置数据源控件的 Data-

Source 属性，再调用 DataBind 方法就可以将控件与数据联系起来。例如，将商品信息用上节讲到的 GridView 控件关联起来，实现的代码如下：

GridView1. DataSource = ds. Tables［" splb"］. DefaultView；

GridView1. DataBind（）；

6.3.2 FileUpLoad 控件

FileUpload 控件显示一个文本框控件和一个浏览按钮，使用户可以选择客户端上的文件并将它上载到 Web 服务器。用户通过在控件的文本框中输入本地计算机上文件的完整路径（例如：C：\ MyFiles \ TestFile. txt）来指定要上载的文件。用户也可以通过单击"浏览"按钮，然后在"选择文件"对话框中定位文件来选择文件。

用户选择要上载的文件后，FileUpload 控件不会自动将该文件保存到服务器。您必须显示式提供一个控件或机制，使用户能提交指定的文件。例如，可以提供一个按钮，用户单击它即可上载文件。为保存指定文件所写的代码应调用方法，该方法将文件内容保存到服务器上的指定路径。通常，在引发回发到服务器的事件的事件处理方法中调用SaveAs 方法。

在文件上传的过程中，文件数据作为页面请求的一部分，上传并缓存到服务器的内存中，然后再写入服务器的物理硬盘中。

有三个方面需要注意：

1. 确认是否包含文件

在调用 SaveAs 方法将文件保存到服务器之前，使用 HasFile 属性来验证 FileUpload控件确实包含文件。若 HasFile 返回 true，则调用 SaveAs 方法。如果它返回 false，则向用户显示消息，指示控件不包含文件。不要通过检查 PostedFile 属性来确定要上载的文件是否存在，因为默认情况下该属性包含 0 字节。因此，即使 FileUpload 控件为空，Post-edFile 属性仍返回一个非空值。

2. 文件上传大小限制

默认情况下，上传文件大小限制为 4096 KB（4 MB）。可以通过设置 httpRuntime元素的 maxRequestLength 属性来允许上载更大的文件。若要增加整个应用程序所允许的最大文件大小，请设置 Web. config 文件中的 maxRequestLength 属性。若要增加指定页所允许的最大文件大小，请设置 Web. config 中 location 元素内的 maxRequestLength 属性。

上载较大文件时，用户也可能接收到以下错误信息：

aspnet_ wp. exe（PID：1520）was recycled because memory consumption exceeded 460 MB（60 percent of available RAM）.

以上信息说明，上传文件的大小不能超过服务器内存大小的 60%。这里的 60% 是Web。config 文件的默认配置，是 < processModel > 配置节中的 memoryLimit 属性默认值。虽然可以修改，但是如果上传文件越大，成功几率越小，不建议使用。

3. 上传文件夹的写入权限

应用程序可以通过两种方式获得写访问权限。您可以将要保存上载文件的目录的写访问权限显式授予运行应用程序所使用的帐户。您也可以提高为 ASP. NET 应用程序授予的信任级别。若要使应用程序获得执行目录的写访问权限，必须将 AspNetHostingPermission 对象授予应用程序并将其信任级别设置为 AspNetHostingPermissionLevel. Medium 值。提高信任级别可提高应用程序对服务器资源的访问权限。请注意，该方法并不安全，因为如果怀有恶意的用户控制了应用程序，他（她）也能以更高的信任级别运行应用程序。最好的做法就是在仅具有运行该应用程序所需的最低特权的用户上下文中运行 ASP. NET 应用程序。

表 6 – 7　FileUpload 控件的常用属性

属性	数据类型	说明
FileBytes	byte［］	获取上传文件的字节数组
FileContent	Stream	获取指定上传文件的 Stream 对象
FileName	String	获取上传文件在客户端的文件名称
HasFile	Bool	获取一个布尔值，用于表示 FileUpload 控件是否已经包含一个文件
PostedFile	HttpPostedFile	获取一个与上传文件相关的 HttpPostedFile 对象，使用该对象可以获取上传文件的相关属性

可以通过 3 种方法访问上传文件：

（1）通过 FileBytes 属性。该属性将上传文件数据置于字节数组中，遍历该数组，则能够以字节方式了解上传文件的内容。

（2）通过 FileContent 属性。调用该属性可以获得一个指向上传文件的 Stream 对象。可以使用该属性读取上传文件数据，并使用 FileBytes 属性显示文件内容。

（3）通过 PostedFile 属性。调用该属性可以获得一个与上传文件相关的 HttpPosted-File 对象，使用该对象可以获得与上传文件相关的信息。例如，调用 HttpPostedFile 对象的 ContentLength，可以获得上传文件大小；调用 HttpPostedFile 对象的 ContentType 属性，可以获得上传文件的类型；调用 HttpPostedFile 对象的 FileName 属性，可以获得上传文件在客户端的完整路径（调用 FileUpload 控件的 FileName 属性，仅能获得文件名）。

6.3.3　FormView 控件

FormView 控件提供了内置的数据处理功能，只需绑定到支持这些功能的数据源控件，并进行配置，无需编写任何代码即可实现对数据的分页和增删改功能。要使用 FormView 控件内置的增删改功能，需要为更新操作提供 EditItemTemplate 和 InsertItemTemplate 模板，FormView 控件显示指定的模板以提供允许用户修改记录内容的用户界面。每个模板都包含用户可以单击以执行编辑或插入操作的命令按钮。用户单击命令按钮时，Form-View 控件使用指定的编辑或插入模板重新显示绑定记录以允许用户修改记录。插入或编辑模板通常包括一个允许用户显示空白记录的"插入"按钮或保存更改的"更新"按钮。用户单击"插入"或"更新"按钮时，FormView 控件将绑定值和主键信息传递给关联的数据源控件，该控件执行相应的更新。例如，SqlDataSource 控件使用更改后的数据作为参数值来执行 SQL Update 语句。

由于 FormView 控件的各个项通过自定义模板来呈现，因此，控件并不提供内置的实现某一功能（如删除）的特殊按钮类型，而是通过按钮控件的 CommandName 属性与内置的命令相关联。FormView 控件提供如下命令类型（区分大小写）：

Edit：引发此命令控件转换到编辑模式，并用已定义的 EditItemTemplate 呈现数据。

New：引发此命令控件转换到插入模式，并用已定义的 InsertItemTemplate 呈现数据。

Update：此命令将使用用户在 EditItemTemplate 界面中输入的值在数据源中更新当前所显示的记录。引发 ItemUpdating 和 ItemUpdated 事件。

Insert：此命令用于将用户在 InsertItemTemplate 界面中输入的值在数据源中插入一条新的记录。引发 ItemInserting 和 ItemInserted 事件。

Delete：此命令删除当前显示的记录。引发 ItemDeleting 和 ItemDeleted 事件。

Cancel：此命令在更新或插入操作中取消操作和放弃用户输入值，然后控件会自动转换到 DefaultMode 属性指定的模式。

在命令所引发的事件中，我们可以执行一些额外的操作，例如对于 Update 和 Insert 命令，因为 ItemUpdating 和 ItemInserting 事件是在更新或插入数据源之前触发的，所以可以在 ItemUpdating 和 ItemInserting 事件中先判断用户的输入值，满足要求后才访问数据库，否则取消操作。

6.3.4 数据的绑定

数据绑定是指在程序设计时实现数据与包含数据的控件之间的连接，这个连接在运行时很少发生变化。从本质上讲，数据绑定是一个过程，即在运行时为包含数据的结构中的一个或多个窗体设置属性的过程。通过数据绑定，可有效减少代码，提高开发效率。

1. 使用 Eval 方法

Eval 方法可计算数据绑定控件（GridView 控件）的模板中的后期绑定数据表达式。在运行时，调用 DataBinder 对象的 Eval 方法，同时引用命名容器的当前数据项。命名容器通常是包含完整记录数据绑定控件的上组成部分，GridView 控件中的一行。因此，只能对数据绑定控件的模板内的绑定使用 Eval 方法。

Eval 方法以数据的字段名称作为参数，从数据源的当前记录返回一个字符串。字符串格式参数使用为 String 类的 Format 方法定义的语法。下面的代码显示如何将数据源字段"splb_ TypeName"的相关数据绑定到数据显示控件的方法：

`< % #DataBinder. Eval（Container. DataItem," splb_ TypeName"）% >`

2. 使用 Bind 方法

Bind 方法与 Eval 方法有一些相似之处，但也存在很多差异。虽然可以像使用 Eval 方法一使用 Bind 方法来检索数据绑定字段的值，但当数据修改时，则必须使用 Bind 方法。

在 ASP. NET 中，数据绑定控件可自动使用数据源控件的更新、删除和插入操作。例如，

如果已为数据源控件定义了 Select、Insert、Delete 和 Update，则通过使用 GridView FormView 控件模板中的 Bind 方法，就可以使控件从模板中的子控件中提取值，并将这些值传递给数据源控件，然后数据源控件将执行适当的数据库命令。由此，在数据绑事实上控件的 EditItemTemplate 或 InsertItemTemplate 中，要使用 Bind 方法。

Bind 方法通常与输入控件一起使用，使用 GridView 控件进行编辑数据行时所呈现的 TextBox 控件。Bind 方法采用数据字段的名称作为参数，从而与绑定属性关联。

3. 显式调查用 DataBind 方法

在 ASP. NET 2.0 中，数据绑定控件常通过 DataSourceID 属性绑事实上到数据源控件时，会隐式地调用 DataBind 方法来绑定。如果使用 DataSource 属性将数据绑定到控件，则需要显示地调用 DataBind 方法，从而执行数据绑定和解析数据绑定表达式。

GridView1. DataSource = dataSet；

GridView1. DataBind（）；

6.3.5 商品信息管理模块的实现

步骤 1：创建一个名为 Manage 的文件夹，在该文件夹下创建一个 Web 窗体，将其命名为 Product. aspx。在该页面选择名为 MasterPage. master 母版页。在 Contern 项内添加所需控件，如图 6.11 所示，设置各控件相应的属性如表。

步骤 2：将一个表格控件（Table）置于 Product. aspx 页中，为整个页面进行布局。从"工具箱"选项卡中拖放一个 TextBox 控件、一个 Button 控件和一个 GridView 控件。各个控件的属性设置如表 6 - 8 所示。

表 6 - 8　商品管理页面用到的主要控件

控件类型	控件名称	主要属性设置	用途
Button	btnSearch	Text 属性设置为"搜索"	实现搜索功能
TextBox	txtKey	TextMode 属性设置为 SingleLine	输入搜索关键字
GridView	gvGoodsInfo	AllowPaging 属性设置为 True（允许分页） AutoGenerateColumns 属性设置为 False（取消自动生成列） PageSize 属性设置为 6（每页显示数据为 6 条）	显示商品信息

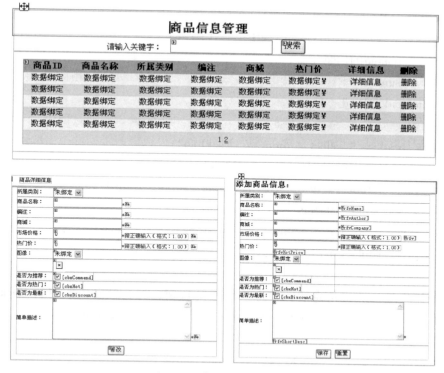

图 6.11　商品信息管理界面

步骤 3：代码实现。

在后台代码页（Product. aspx. cs）中编写代码前，首先需要定义 ComonClass 类对象、DB-Class 类对象和 GoodsClass 类对象，以便在编写代码时，调用该类中的方法。其代码如下：

Product. aspx. cs 文件中定义三个类对象代码：

DBClass dbObj ＝ new DBClass（）；

CommonClass ccObj ＝ new CommonClass（）；

GoodsClass gcObj ＝ new GoodsClass（）；

Product. aspx. cs 文件中代码：

（1）在 Page＿ Load 事件中，调用自定义方法 gvBind（），显示商品信息。

```
protected void Page_ Load（object sender，EventArgs e）
    {
        if（！IsPostBack）
        {
            //判断是否已点击" 搜索" 按钮
            ViewState［" search"］＝ null；
            gvBind（）；//显示商品信息
        }
    }
```

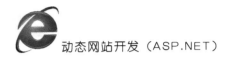

自定义方法 gvBind（），首先从商品信息表（tb_ BookInfo）中获取商品信息，然后将获取的商品信息绑定到 GridView 控件中。其代码如下：

```
/// 绑定所有商品的信息
/// </summary>
public void gvBind（）
{
    string strSql = " select * from tb_ BookInfo";
    //调用公共类中的 GetDataSetStr 方法执行 SQL 语句，返回数据源的数据表
    DataTable dsTable = dbObj. GetDataSetStr（strSql, " tbBI"）;
    this. gvGoodsInfo. DataSource = dsTable. DefaultView;
    this. gvGoodsInfo. DataKeyNames = new string []{ " BookID"};
    this. gvGoodsInfo. DataBind（）;
}
```

（2）当用户输入关键信息后，单击"搜索"按钮，将会触发该按钮的 Click 事件。在该事件下，调用自定义方法 gvSearchBind（）；绑事实上查询后的商品信息。其代码如下：

```
protected void btnSearch_ Click（object sender, EventArgs e）
{
    //将 ViewState [" search"] 对象值 1
    ViewState [" search"] = 1;
    gvSearchBind（）; //绑定查询后的商品信息
}
```

自定义方法 gvSearchBind（）调用 GoodsClass 类的 search（）方法，查询符合条件的商品信息，并将其绑定到 GridView 控件上。其代码如下：

```
/// 在搜索中绑定商品信息
/// </summary>
public void gvSearchBind（）
{
    DataTable dsTable = gcObj. search（this. txtKey. Text. Trim（））;
    this. gvGoodsInfo. DataSource = dsTable. DefaultView;
    this. gvGoodsInfo. DataKeyNames = new string []{ " BookID" };
    this. gvGoodsInfo. DataBind（）;
}
```

（3）在 GridView 控件的 RowDeleting 事件下，编写如下代码，实现当用户单击某个商品后的"删除"按钮时，将该商品从商品信息表中删除。

```
protected void gvGoodsInfo_ RowDeleting（object sender, GridViewDeleteEventArgs e）
```

```
        {
            int IntBookID = Convert. ToInt32 (gvGoodsInfo. DataKeys [e. RowIndex]
. Value) ; //获取商品代号
            string strSql = " select count (*) from tb_ Detail where BookID = " + Int-
BookID;
        SqlCommand myCmd = dbObj. GetCommandStr (strSql) ;
        //判断商品是否能被删除 (如: 在明细订单中, 包含该商品的 ID 代号)
        if (Convert. ToInt32 (dbObj. ExecScalar (myCmd)) > 0)
        {
            Response. Write (ccObj. MessageBox (" 该商品正被使用, 无法删除!")) ;
        }
        else
        {

            //删除指定的商品信息
            string strDelSql = " delete from tb_ BookInfo where BookID = " + IntBookID;
            SqlCommand myDelCmd = dbObj. GetCommandStr (strDelSql) ;
            dbObj. ExecNonQuery (myDelCmd) ;
            //对商品进行重新绑定
            if (ViewState [" search"] ! = null)
            {

                gvSearchBind () ; //绑定查询后的商品信息
            }
            else
            {

                gvBind () ; //绑定所有商品信息
            }


        }
    }
```

（4）当用户单击 GridView 控件中的"详细信息"按钮时，将会跳转到详细信息页面。在该页面中，用户可以查看并修改商品信息。

```
public void GetGoodsInfo ()
    {
string strSql = " select * from tb_ BookInfo where BookID = " + Convert. ToInt32 (Re-
quest [" BookID"] . Trim ()) ;
    SqlCommand myCmd = dbObj. GetCommandStr (strSql) ;
```

```
DataTable dsTable = dbObj. GetDataSetStr（strSql，" tbBI"）；
this. ddlCategory. SelectedValue = dsTable. Rows［0］［" ClassID"］. ToString（）；
                                                        //商品类别
this. txtName. Text = dsTable. Rows［0］［" BookName"］. ToString（）；
                                                        //商品名
this. txtAuthor. Text = dsTable. Rows［0］［" Author"］. ToString（）；
                                                        //商品作者
this. txtCompany. Text = dsTable. Rows［0］［" Company"］. ToString（）；
                                                        //商品商城
this. txtMarketPrice. Text = dsTable. Rows［0］［" MarketPrice"］. ToString（）；
                                                        //商品市场价
this. txtHotPrice. Text = dsTable. Rows［0］［" HotPrice"］. ToString（）；
                                                        //商品热门价
this. ddlUrl. SelectedValue = dsTable. Rows［0］［" BookUrl"］. ToString（）；
                                                        //商品图像路径
this. ImageMapPhoto. ImageUrl = ddlUrl. SelectedItem. Value；//显示商品图像
this. cbxCommend. Checked = bool. Parse（dsTable. Rows［0］  ［" Isrefinement"］
. ToString（））；//是否推价
this. cbxHot. Checked = bool. Parse（dsTable. Rows［0］ ［" IsHot"］. ToString（））；
//是否热门
this. cbxDiscount. Checked = bool. Parse（dsTable. Rows［0］   ［" IsDiscount"］
. ToString（））；//是否最新
this. txtShortDesc. Text = dsTable. Rows［0］［" BookIntroduce"］. ToString（）；
                                                        //商品简短描述
}
protected void btnUpdate_ Click（object sender，EventArgs e）
{
int IntClassID = Convert. ToInt32（this. ddlCategory. SelectedValue. ToString（））；
                                                        //商品类别号
string strBookName = this. txtName. Text. Trim（）；//商品类别名
string strBookDesc = this. txtShortDesc. Text. Trim（）；//商品简短描述
string strAuthor = this. txtAuthor. Text. Trim（）；//商品作者
string strCompany = this. txtCompany. Text. Trim（）；//商品商城
string strBookUrl = this. ddlUrl. SelectedValue. ToString（）；//商品图像路径
float fltMarketPrice = float. Parse（this. txtMarketPrice. Text. Trim（））；//商品市场价
float fltHotPrice = float. Parse（this. txtHotPrice. Text. Trim（））；//商品热门价
```

bool blCommend ＝ Convert. ToBoolean（this. cbxCommend. Checked）; //是否推价

bool blHot ＝ Convert. ToBoolean（this. cbxHot. Checked）; //是否热门

bool blDiscount ＝ Convert. ToBoolean（this. cbxDiscount. Checked）; //是否最新

//修改数据表中的商品信息

string strSql ＝ " update tb_ BookInfo ";

strSql ＋= " set ClassID =′" ＋ IntClassID ＋ "′, BookName =′" ＋ strBookName ＋ "′, BookIntroduce =′" ＋ strBookDesc ＋ "′";

strSql ＋= ", Author =′" ＋ strAuthor ＋ "′, Company =′" ＋ strCompany ＋ "′, BookUrl =′" ＋ strBookUrl ＋ "′";

strSql ＋= ", MarketPrice =′" ＋ fltMarketPrice ＋ "′, HotPrice =′" ＋ fltHotPrice ＋ "′";

strSql ＋= ", Isrefinement =′" ＋ blCommend ＋ "′, IsHot =′" ＋blHot ＋ "′, IsDiscount =′" ＋blDiscount ＋ "′, LoadDate =′" ＋DateTime. Now ＋ "′";

strSql ＋= " where BookID = " ＋ Convert. ToInt32（Request［" BookID"］. Trim（））;

SqlCommand myCmd ＝ dbObj. GetCommandStr（strSql）;

dbObj. ExecNonQuery（myCmd）;

Response. Write（ccObj. MessageBox（" 修改成功!"，" Product. aspx"））;

　　}

（5）在 GridView 控件中，"所属类别"和"热销价"的绑定数据应用了数据表达式 DataBinder. Eval 方法，代码编写需将页面切换到 HTML 源代码中。其代码如下：

< asp：TemplateField HeaderText = " 所属类别" >

　　　　< HeaderStyle HorizontalAlign ＝ Center / >

　　　　< ItemStyle HorizontalAlign ＝ Center / >

　　　　< ItemTemplate >

　　　　< % # GetClassName（Convert. ToInt32（DataBinder. Eval（Container. DataItem，" ClassID"）. ToString（）））% >

　　　　</ItemTemplate >

　　　　</asp：TemplateField >

< asp：TemplateField HeaderText ＝" 热门价" >

　　　　< HeaderStyle HorizontalAlign ＝ Center / >

　　　　< ItemStyle HorizontalAlign ＝ Center / >

　　　　< ItemTemplate >

　　　　< % # GetVarStr（DataBinder. Eval（Container. DataItem，" Hot-

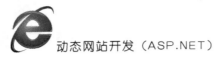

Price"）．ToString（)）% > ￥

</ItemTemplate >

</asp：TemplateField >

运行网站，在页面中查看效果，如图 6.12、6.13、6.14 所示。

图 6.12　商品信息管理页面

图 6.13　商品查询页面

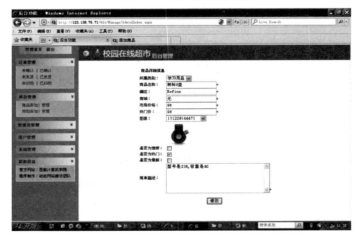

图 6.14　商品详细信息页面

习题

1. 单项选择题

（1）单向数据绑定使用的方法是（　　　）。

A. Eval   B. Bind   C. Bound   D. DataBound

（2）双向数据绑定使用的方法是（　　　）。

A. Eval   B. Bind   C. Bound   D. DataBound

（3）数据绑定表达式包含在（　　　）之内。

A. < ! - - 和 - - > B. / * 和 * /   C. < % 和 % >   D. < % # 和 % >

（4）数据绑定控件要取到数据库表中更新前的旧值，应将该字段设置在（　　　）属性中。

A. DataKeys   B. PrimaryKeys   C. DataKeyNames   D. DataKeyName

（5）数据绑定控件更新前的旧值的格式应设置在（　　　）属性中。

A. OldValuesParameterFormat   B. OldValueParameterFormat

C. OldValuesParameterFormatString   D. OldValueParameterFormatString

（6）数据绑定控件的数据源参数不能绑定的参数源是（　　　）。

A. QueryString   B. Application   C. Session   D. Cookie

（7）数据绑定控件的数据源参数不能绑定的参数源是（　　　）。

A. Application   B. Form   C. Session   D. Control

（8）将 DropDownList 控件放入 GridView 中，应使用（　　　）技术。

A. 母版页   B. 模板列   C. 动态列   D. 选择项

（9）GridView 中绑定了 DateTime 类型的字段，显示格式应在（　　　）属性中设置。

A. DataFormatString B. DateFormatString C. DataFormat   D. DateFormat

（10）GridView 中绑定了 DateTime 类型的字段，要使显示格式起作用，应设置行为（　　　）。

A. HtmlEncodeFormatString = True   B. HtmlEncodeFormatString = False

C. HtmlEncode = True   D. HtmlEncode = False

（11）GridView 中绑定一行触发一次的事件是（　　　）。

A. DataBound   B. RowDataBound C. DataBind   D. RowDataBind

（12）GridView 中数据全部绑定完成后触发的事件是（　　　）。

A. DataBound   B. RowDataBound C. DataBind   D. RowDataBind

（13）DataList 控件中，增加各项之间的分隔符，应将 < hr/ > 标签设置在（　　　）模板中。

A. ItemTemplate   B. AlternatingItemTemplate

C. SeparatorTemplate   D. FooterTemplate

（14）DataList 控件 dl 的页脚模板中有控件 tb，查找改对象的引用，以下正确的是（   ）。

A. dl. FooterRow. FindControl（"tb"）；

B. dl. FooterRow. Cells［0］. FindControl（"tb"）；

C. dl. Rows［dl. Rows. Count − 1］. FindControl（"tb"）；

D. dl. Controls［dl. Controls. Count − 1］. FindControl（"tb"）；

2. 问答题

（1）什么是数据绑定？列举 4 种数据绑定控件。

3. 程序改错题

（1）如图 6.15，GridView 控件 gvStudents 在编辑状态出生日期列有时、分、秒信息，以下程序设置其格式与非编辑状态一致，但运行时出错。找出错误原因，并改正。

序号	姓名	班级	出生日期	数据维护
1	赵丽	计1112 ∨	1992-5-1 0:00:00	更新 取消
2	Marry	计1107	91-11-01	编辑 删除
3	王猛	计1108	92-04-05	编辑 删除
4	张才	计1109	92-06-01	编辑 删除
5	张才	计1110	92-07-01	编辑 删除
6	张才	计1111	92-07-01	编辑 删除

图 6.15　编辑界面

protectedvoidgvStudents_ RowDataBound（objectsender，GridViewRowEventArgse）

{

//如果绑定的不是数据行

if（e. Row. RowIndex < 0）return；

//修改

TextBoxtb =（TextBox）e. Row. Cells［3］. Controls［0］；

DateTimedt = DateTime. Parse（tb. Text）；

tb. Text = dt. ToString（"yyyy − MM − dd"）；

}

（2）如图 6.16，为 GridView 控件 gvStudents 的删除按钮添加"您是否确定删除该学生吗？"的提示。以下程序运行时出错，找出错误原因，并改正。

图 6.16　删除学生时出现的提示信息

protectedvoidgvStudents_ RowDataBound（objectsender，GridViewRowEventArgse）

{

//如果绑定的不是数据行

if（e. Row. RowIndex＜0）return；

//不是编辑行，在删除按钮上增加提示

if（e. Row. RowIndex！ = gvStudents. EditIndex）

{

LinkButtonlbtn =（LinkButton）e. Row. Cells［4］. Controls［1］；

lbtn. Attributes. Add（" onclick"，@" returnconfirm（'您确认要删除该学生吗?'）;"）;

}

}

（3）如图 6.16，为 GridView 控件 gvStudents 的删除按钮添加"您是否确定删除该学生吗?"的提示。以下程序运行时有时出错，找出错误原因，并改正。

protectedvoidgvStudents_ RowDataBound（objectsender，GridViewRowEventArgse）

{

if（e. Row. RowIndex＜0）

return；

LinkButtonlbtn =（LinkButton）e. Row. Cells［4］. Controls［2］；

lbtn. Attributes. Add（" onclick"，@" returnconfirm（'您确认要删除该学生吗?'）;"）;

}

4. 程序填空题

（1）GridView 控件 gv 使用模板列实现多选功能，在第 0 列的 ItemTemplate 中添加了 CheckBox 控件 gvi_ cbSelect；HeaderTemplate 中添加了 CheckBox 控件 gvh_ cbSelect，AutoPostBack = True。点击标题中的 CheckBox 后，根据勾选情况设置各项的 CheckBox 与其选择一致。点击按钮 btnSubmit 后，将第 1 列文本显示在本页面，多项之间用分号分隔。阅读以下程序并填空。

protectedvoidgvh_ cbSelect_ CheckedChanged（objectsender，EventArgse）

{

CheckBoxcb =（CheckBox）gv.（1）. Cells［0］.（2）（" gvh_ cbSelect"）;

boolbIsSelected = cb. Checked；

foreach（（3）rowin（4））

{

cb =（CheckBox）row. Cells［0］.（2）（" gvi_ cbSelect"）; cb. Checked = bIsSelected；

```
    }
    }
    protectedvoidbtnSubmit_ Click（objectsender，EventArgse）
    {
    CheckBoxcb；
    stringstrSelected = " "；
    foreach（ （3）rowin（4））
    {
    cb =（CheckBox）row. Cells［0］.（2）（" gvi_ cbSelect"）；
    if（cb. Checked）strSelected + = row. Cells［1］.（5）+";"；
    }
    Response. Write（strSelected）；
    }
```

---实训--

实训项目：掌握数据库的创建、数据表的创建、GridView 控件的使用。

实训性质：程序设计。

实训目的：

（1）熟练掌握创建数据库。

（2）熟练掌握创建、修改和删除数据表。

（3）熟练掌握 GridView 控件。

实训环境：Windows XP/2000、Visual Studio . NET 2005。

实训内容：

（1）有学生表 Students（StudentID，ClassID，StudentName，Birthday），班级（ClassID）相同的学生，其 StudentID 从 1 开始顺序号连续。编写存储过程，插入学生时，使 StudentID 仍然保持连续，要求判断 StudentID 所有可能取值的情况。

CREATEPROCEDUREprocInsertStudent

（@ StudentIDint，

@ ClassIDint，

@ StudentNamevarchar（20），

@ Birthdaydatetime）

AS

GO

（2）如图 6.15，GridView 控件 gvStudents 在编辑状态出生日期列有时、分、秒信息，编程设置其格式与非编辑状态一致。

protectedvoidgvStudents_ RowDataBound（objectsender，GridViewRowEventArgse）

{

}

（3）如图 6.16，为 GridView 控件 gvStudents 的删除按钮添加"您是否确定删除该学生吗?"的提示。

protectedvoidgvStudents_ RowDataBound（objectsender，GridViewRowEventArgse）

{

}

（4）GridView 控件 gv 使用模板列实现多选功能，在第 0 列的 ItemTemplate 中添加了 CheckBox 控件 gvi_ cbSelect；HeaderTemplate 中添加了 CheckBox 控件 gvh_ cbSelect，AutoPostBack = True。点击标题中的 CheckBox 后，根据勾选情况设置各项的 CheckBox 与其选择一致。点击按钮 btnSubmit 后，将第 1 列文本显示在本页面，多项之间用分号分隔。编程完成以下两个事件。

protectedvoidgvh_ cbSelect_ CheckedChanged（objectsender，EventArgse）

{

}

项目七　会员购物管理

7.1　情景分析

在校园在线超市网站中，购物车功能是实现本网站的关键，主要用于显示及管理用户的购物信息。用户在浏览商品的过程中，如果遇到想要购买的商品，单击商品下方的"购买"按钮，即可将该商品的信息添加到购物车中，通过单击页面顶部导航栏中的"购物车"链接进入购物车管理页面，可以进行查看和编辑商品信息等操作。购物车管理页面包括的功能主要有：

（1）将商品添加到购物车；

（2）浏览购物车中的商品信息；

（3）修改购物车中的商品数量；

（4）删除购物车中的商品；

（5）清空购物车。

购物车管理页（shopCart. aspx）的运行效果如图 7.1 所示。

图 7.1　购物车页面

7.2　购物车实现

7.2.1　DataList 数据控件

GridView 控件用来显示数据源的多条记录，设计者不需要在界面文件中书写代码，就能轻松地用 GridView 进行显示数据、分页、排序、编辑、删除等操作。对于显示多条记录，ASP.NET 2.0 提供了 DataList 和 Repeater 控件可以更好地实现自定义功能。

DataList 使用模板来显示内容，它不仅可以在一行显示多个记录。也可以通过操作组成 DataList 控件的不同组件的模板（如 ItemTemplate 和 HeaderTemplate），可以自定义该控件的外观和内容。可将列表项连接到代码，这些代码使用户得以在显示、选择和编辑模式之间进行切换。

表 7-1　DataList 控件的不同模板

模板	说明
ItemTemplate	项目的内容和布局。必选
AlternatingItemTemplate	与 ItemTemplate 元素类似，但对 DataList 控件中的行每隔一行显示一次。如果使用此模板，通常为其创建不同的外观，如与 ItemTemplate 不同的背景色
SelectedItemTemplate	当用户选择 DataList 控件中的项时呈现的元素。典型的用法是使用背景色或字体颜色可视地标记该行。还可以通过显示数据源中的其他字段来展开该项
EditItemTemplate	当项处于编辑模式中时的布局。此模板通常包含编辑控件，如 TextBox 控件
HeaderTemplate 和 FooterTemplate	在列表的开始和结束处呈现的文本和控件
SeparatorTemplate	在每项之间呈现的元素

通过为 DataList 控件的不同部分指定样式，可以自定义该控件的外观。表 7-2 列出用于控制 DataList 控件不同部分的外观的样式属性。

表 7-2　DataList 控件的外观样式属性

样式属性	说明	样式类
AlternatingItemStyle	隔项（交替项）的样式	TableItemStyle
EditItemStyle	正在编辑的项的样式	TableItemStyle
FooterStyle	列表结尾处的脚注（如果有）的样式	TableItemStyle
HeaderStyle	列表开始处的标头（如果有）的样式	TableItemStyle
ItemStyle	单个项的样式	Style
SelectedItemStyle	选定项的样式	TableItemStyle
SeparatorStyle	各项之间的分隔符的样式	TableItemStyle

DataList 控件与 Repeater 控件的不同之处在于，DataList 支持定向呈现（通过使用 RepeatColumns 和 RepeatDirection 属性）并且有用于在 HTML 表内呈现的选项。

例如：使用 DataList Web 服务器控件中的模板来显示雇员名、电话号码和电子邮件地址的列表。雇员信息的布局使用数据绑定的控件的 ItemTemplate 指定。

＜asp：datalist ID =" DataList1" runat =" server" ＞

＜HeaderTemplate ＞

Employee List

＜/HeaderTemplate ＞

＜ItemTemplate ＞

＜asp：label id = Label1 runat =" server"

Text = '＜%# DataBinder. Eval （Container. DataItem，" EmployeeName"）% ＞'＞

＜/asp：label ＞

＜asp：label id = Label2 runat =" server"

Text = '＜%# DataBinder. Eval （Container. DataItem，" PhoneNumber"）% ＞'＞

＜/asp：label ＞

＜asp：Hyperlink id = Hyperlink1 runat =" server"

Text = '＜%# DataBinder. Eval （Container. DataItem，" Email"）% ＞'

NavigateURL = '＜%# DataBinder. Eval （Container. DataItem，" Link"）% ＞'＞

＜/asp：Hyperlink ＞

＜/ItemTemplate ＞

＜/asp：datalist ＞

1. DataList 控件的几个重要元素：

（1）RepeatColumns：当输出格式为表格时，它允许指定输出结果中的栏数。

（2）RepeatDirection：它定义表格布局的重复方向。获取或设置 DataList 控件是垂直显示还是水平显示。

（3）RepeatLayout：获取或设置控件是在表中显示还是在流布局中显示。

（4）Gridlines：它定义内容周围是否出现线条，或线条出现的位置（当布局为表格时）。

2. DataList 控件的常用事件

DataList 控件支持以下几种事件：

（1）ItemCreated 事件提供一种在运行时自定义项的创建过程的方法。

（2）ItemDataBound 事件也提供自定义 DataList 控件的能力，但要在数据可用于检查之后才可提供。

其余事件为了响应列表项中的按钮单击而引发。它们旨在帮助响应 DataList 控件的最常用功能。支持该类型的 4 个事件。

（1）EditCommand ：编辑项。

（2）DeleteCommand：删除项。

（3）UpdateCommand：更新数据。

（4）CancelCommand：放弃编辑。

当用户单击某项中的按钮时，该事件会冒泡到按钮的容器：DataList 控件。按钮引发的确切事件取决于所单击的按钮的 CommandName 属性。

（1）如果按钮的 CommandName 属性为 Edit，则该按钮导致引发 EditCommand 事件。

（2）如果按钮的 CommandName 属性为 Delete，则该按钮导致引发 DeleteCommand 事件。

（3）如果按钮的 CommandName 属性为 Update，则该按钮导致引发 UpdateCommand 事件。

（4）如果按钮的 CommandName 属性为 Cancel，则该按钮导致引发 CancelCommand 事件。

（5）如果按钮的 CommandName 属性为 Select，则该按钮导致引发 SelectedIndexChanged 事件。

ItemCommand 事件，当用户单击没有预定义的命令（如"编辑"或"删除"）的按钮时引发该事件。通过将按钮的 CommandName 属性设置为一个需要的值，然后在 ItemCommand 事件处理程序中对其进行测试，可以将该事件用于自定义功能。

图 7.2 DataList 的属性使用

3. DataList 控件中显示数据

【例 7.1】学习 DataList 的 RepeatDirection 属性和 RepeatColumns 属性的使用方法，运行结果如图 7.2 所示。

RepeatDirection 属性可以水平或者垂直地显示项目，RepeatColumns 属性可以控制显示的列数。

```
< body >
    < form id = " form1" runat = " server" >
    < div >
         ；< / div >
        < br / >
        < br / >
        < asp：SqlDataSource ID = " SqlDataSource2" runat = " server" Connection-
String = " < % $ ConnectionStrings：db_ NetStoreConnectionString % > "
        SelectCommand = " SELECT［BookName］，［BookUrl］ FROM［tb_ BookIn-
```

fo]"＞＜/asp：SqlDataSource＞

  ＜br /＞

  ＜asp：DataList ID = " DataList1" runat = " server" DataSourceID = " Sql-DataSource2" Height = " 332px" RepeatColumns = " 4" Width = " 246px" ＞

  ＜ItemTemplate＞

  ＜table＞

  ＜tr＞＜td style = " width：65px" ＞＜img src = " ＜% # Eval (" BookUrl")% ＞" /＞＜/td＞＜/tr＞

  ＜tr＞＜td style = " width：65px" ＞ ＜% # Eval (" BookName") % ＞＜/td＞＜/tr＞

  ＜/table＞

  ＜br /＞

  ＜br /＞

  ＜/ItemTemplate＞

 ＜/asp：DataList＞

＜/form＞

＜/body＞

7.2.2 会话状态

会话状态保存每个活动的 Web 应用程序的会话值，是 System. Web. SessionState. HttpSessionState 类的一个实例，它通过 Page 等类的 Session 属性公开。会话状态采用键/值字典形式的结构来存信特定于会话的信息，这些信息需要在用服务器往返行及页请求之间进行维护。

会话状态限制在当前浏览器会话中。如果多个用户使用同一个应用程序，则每个用户会话都将有一个不同的会话状态。存储在会话状态变量中的理想数据是特定于单独会话的短期、敏感的数据。

使用会话状态具有以下优点：

（1）实现简单。会话状态功能易于使用。

（2）会话特定的事件。会话管理事件可以由应用程序触发和使用。

（3）数据持久性。放置于会话状态变量中的数据可以不受 IIS 重新启动而丢失数据。会话状态数据可跨多进程保持。

（4）平台可伸缩性。会话状态可以多计算机和多进程配置中使用，因而优化了可伸缩性方案。

（5）无需 Cookie 支持。尽管会话状态最常见的用途是与 Cookie 一起向 Web 应用程序提供用户标识功能，但会话状态可用于不支持 HTTP Cookie 的浏览器，而且将会话标识符放置在查询字符串中。

（6）可扩展性。可通过编写自己的会话状态提供程序来自定义和扩展会话状态，然后，通过多种数据存储机制将会话状态数据以自定义数据格式存储。

1. 设置和使用会话状态

Session 对象用来存储某个特定的用户会话所需的信息。当用户在 Web 应用程序的不同页面切换时，存储在 Session 对象中的变量不会被丢弃而是在整个用哀恸会话期间内保留。

例如，当成功登录成校园超市的用户何存在会话状态中。代码如下：

Session［" VipName"］ =" 张三"；

也可以调用 Session 对象的 Add 方法，传递项名称和项的值，各会话状态集合添加项。代码如下：

Session. Add （" VipName"," 张三"）；

添加项以后，就可以在任意页面中访问它们的值。代码如下：

If （Session［" VipName"］! = null）
{
    String str VipName = Session［" VipName"］. ToString （）；
}

在上面的代码中，首先判断会话状态项是否已红存在，然后再访问该会话状态值。

2. 设置会话状态的有效期

HTTP 是一个无状态协议。Web 服务器无法检测用户何时离开了 Web 站点。然而，Web 服务器可以检测到在一定的时间段内，用户有没有对页面发出请求。这时，Web 服务器可假定用户已经离开了 Web 站点，并且删除与那个用户相关的会话状态中的所有项。

默认情况下，用户在20分钟内没有请求页面时，会话就超时。可以通过修改配置文件 Web. config 来设置在会话状态提供程序终止会话之前各请求之间所允许的时间，代码如下：

```
< configuration >
    < system. web >
        < sessionState mode = "  InProc" timeout = "  10"  / >
    </system. web >
< configuration >
```

当然，也可以通过编写代码设置 Session 对象的 Timeout 属性，以设置会话状态守期时间，代码如下：

Session. Timeout = 30；

3. 删除会话状态中的项

通过调用 Session 对象的 Clear 和 RemoveAll 方法，可以清除会话状态集合中的所有

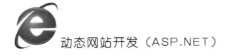

项，也可通过 Remove 和 RemoveAt 清除其中的某一项，还可以通过调用 Abandon 方法取消当前会话。

例如，要从会话状态中删除 VipName 项，调用 Remove 方法，并传递要删除项的名称即可。代码如下：

Session. Remove（" VipName"）；

值得注意的是，当调用 Clear 和 RemoveAll 及 Remove 和 RemoveAt 方法时，只是从会话状态中删除了缓存项，会话并没有结束。实际应用中，出于对客户会话状态信息的保护，应该提供让客户注销登录的功能。通过调用 Abandon 方法就可完成注销功能。代码如下：

Session. Abandon（）；

调用该方法后，ASP. NET 注销当前会话，清除所有有关该会话的数据。如果再次访问网页，将开启新的会话。

4. 会话状态模式

ASP. NET 会话状态支持若干会话数据的存储选项。通过在应用程序的 Web. config 文件中为 sessionState 元素的 mode 属性分配一个 SessionStateMode 枚举值，可以指定 ASP. NET 会话状态使用的模式。SessionStateMode 枚举值分别有如下选项：

（1）InProc 模式。

该模式也称进程内模式，是默认会话状态模式。InProc 模式将会话状态值和变量存储在本地 Web 服务器上的内存中，它是唯一支持 Session_ OnEnd 事件的模式。

（2）StateServer 模式。

该模式也称状态服务器模式。StateServer 模式将会话状态存储在一个称为 ASP. NET 状态服务的进程中，该进程是独立于 ASP. NET 辅助进程或 IIS 应用程序池的单独进程。使用此模式可以确保在重新启动 Web 应用程序时仍保留会话状态，并使会话状态可用于网络场中的多个服务器。

若要使用 StateServer 模式，必须首先确保 ASP. NET 状态服务运行在用于存储会话的服务器上。ASP. NET 状态服务在安装 ASP. NET 和 . NET Framework 时作为一个服务配套安装。

若要将某个 ASP. NET 应用程序配置为使用 StateServer 模式，需要在该应用程序的 Web. config 文件中执行如下操作：

①将 sessionState 元素的 Mode 属性设置为 StateServer。

②将 stateConnectionString 属性设置为 tcpip = serverName：42424

（3）SQL Server 模式。

该模式将会话状态存储到一个 SQL Server 数据库中。使用此模式可以确保在重新启动 Web 应用程序时保留会话状态，并使会话状态可用于网络场中的多个 Web 服务器。

7.2.3 购物车管理页技术分析

在实现购物车管理页的功能时主要应考虑两点：一是如何区分用户与购物车的对应关系；二是购物车中商品存放的结构。

1. 用户与购物车的对应关系

用户与购物车的对应关系，即每个用户都有自己的购物车，购物车不能混用，而且必须保证当用户退出系统时，其购物车也随之消失。这种特性正是 Session 对象的特性，所以使用 Session 对象在用户登录期间传递购物信息。

2. 购物车中商品存放的结构

实现购物功能的实质是增加一个（商品名，商品个数）的（名，值）对，该结构正是一个哈希表的结构（哈希表 Hashtable 是键/值对的集合），所以使用哈希表 Hashtable 来表示用户的购买情况。

在 . NET Framework 中，哈希表（Hashtable）是 System. Collections 命名空间提供的一个容器，用于处理和表现类似 key/value 的键值对，其中 key 通常用来快速查找，同时 key 区分大小写的；value 用于存储对应的 key 的值。Hashtable 中 key/value 键值对均为 object 类型，所以 Hashtable 可以支持任何类型的 key/value 键值对。

下面是哈希表的一些简单操作：

● 在哈希表中添加一个 key/value 键值对：HashtableObject. Add（key，value）。

● 在哈希表中移出某个键值对：HashtableObjet. Remove（key）。

● 在哈希表中移出所有元素：HashtableObject. Clear（）。

下面具体看一下应用哈希表和 Session 对象来实现购物车功能。以用户向购物车中添加商品为例，首先判断用户是否已经有了购物车，即判断 Session［" ShopCare"］对象是否为空，如果 Session［" ShopCare"］对象为空，表示用户没有购物车，则添加一个（名，值）对（"名"是这个商品的 ID 代号，"值"为 1，表示购买了一个商品）；如果 Session［" ShopCart"］对象不为空，获取其购物车，首先判断购物车中中否已经有该商品，如果有，则这个商品的"值"，即数量加 1。代码如下：

```
Hashtable hashCar;
if (Session [" ShopCart"] = = null)
{
//如果用户没有分配购物车
hashCar = new Hashtable ();//新生成一个
hashCar. Add (e. CommandArgument, 1);//添加一个商品
Session [" ShopCart"] = hashCar;//分配给用户
}
else
{
```

//用户已经有购物车

hashCar =（Hashtable）Session［"ShopCart"］；//得到购物车的 hash 表

if（hashCar. Contains（e. CommandArgument））//购物车中已有此商品，商品数量加 1

｛

int count = Convert. ToInt32（hashCar［e. CommandArgument］. ToString（））；

//得到该商品的数量

hashCar［e. CommandArgument］=（count + 1）；//商品数量加 1

｝

else

hashCar. Add（e. CommandArgument，1）；//如果没有此商品，则新添加一个项

｝

7.2.4　购物车的实现过程

1. 设计步骤

步骤 1：新建名为 shopCart. aspx 的页面，并为该页面选择名为 MasterPage. master 的母版页。

步骤 2：在页面中添加一个 Table（表格）控件为整个页面布局。从"工具箱"选项卡中拖放 2 个 Label 控件、1 个 GridView 控件和 4 个 LinkButton 控件，通过属性窗口设置控件的属性。页面中各个控件的属性设置及用途如表所示。

表 7 - 3　shopCart. aspx 中各个控件的属性设置及其用途

控件类型	控件名称	主要属性设置	用途
A Label	labMessage	Visible 属性设置为 False	显示提示信息
	labTotalPrice	Text 属性设置为"0.00 ¥："	显示购物商品总价
LinkButton	lnkbtnUpdate	Text 属性设置为"更新购物车"	执行"更新购物车"操作
	lnkbtnClear	Text 属性设置为"清空购物车"	执行"清空购物车"操作
	lnkbtnContinue	Text 属性设置为"继续购物"	执行"继续购物"操作
	lnkbtnCheck	Text 属性设置为"前往服务台"	执行"前往服务台"操作
GridView	gvShopCart	allowPaging 属性设置为 True（允许分页） AutoGenerateColumns 属性设置为 False（取消自动生成列） PageSize 属性设置为 6（每页显示数据为 6 条）	显示用户购买的商品信息

图 7.3　购物车 Content 内容页

2.　实现代码

在该页的后台 shopCart. aspx. cs 页中编写代码前，首选需要定义 CommonClass 类对象和 DBClass 类对象，以便在编写代码时调用该类中的方法，然后再定义 3 个全局变量，其代码如下：

```
CommonClass ccObj = new CommonClass ();
DBClass dbObj = new DBClass ();
string strSql;
DataTable dtTable;
Hashtable hashCar;
```

在 Page_ Load 事件中，创建一个自定义数据源，并将其绑定到 GridView 控件中，赤示购物车中的商品信息，代码如下：

```
protected void Page_ Load (object sender, EventArgs e)
    {
        if (! IsPostBack)
        {
        /*判断是否登录*/
        ST_ check_ Login ();
        if (Session ["ShopCart"] == null)
          {
          //如果没有购物，则给出相应信息，并隐藏按钮
          this. labMessage. Text = "您还没有购物!";
          this. labMessage. Visible = true; //显示提示信息
          this. lnkbtnCheck. Visible = false; //隐藏"前往服务台"按钮
          this. lnkbtnClear. Visible = false; //隐藏"清空购物车"按钮
```

```
            this. lnkbtnContinue. Visible  =  false; //隐藏" 继续购物" 按钮
        }
    else
        {
        hashCar  =  (Hashtable) Session [" ShopCart"]; //获取其购物车
        if (hashCar. Count  = = 0)
            {
        //如果没有购物，则给出相应信息，并隐藏按钮
        this. labMessage. Text  = " 您购物车中没有商品!";
        this. labMessage. Visible  =  true; //显示提示信息
        this. lnkbtnCheck. Visible  =  false; //隐藏" 前往服务台" 按钮
        this. lnkbtnClear. Visible  =  false; //隐藏" 清空购物车" 按钮
this. lnkbtnContinue. Visible  =  false; //隐藏" 继续购物" 按钮
        }
    else
        {
        //设置购物车内容的数据源
        dtTable  =  new DataTable ();
        DataColumn column1  =  new DataColumn (" No"); //序号列
        DataColumn column2  =  new DataColumn (" BookID"); //商品 ID 代号
        DataColumn column3  =  new DataColumn (" BookName"); //商品名称
        DataColumn column4  =  new DataColumn (" Num"); //数量
        DataColumn column5  =  new DataColumn (" price"); //单价
        DataColumn column6  =  new DataColumn (" totalPrice"); //总价
        dtTable. Columns. Add (column1); //添加新列
        dtTable. Columns. Add (column2);
        dtTable. Columns. Add (column3);
        dtTable. Columns. Add (column4);
        dtTable. Columns. Add (column5);
        dtTable. Columns. Add (column6);
        DataRow row;
        //对数据表中每一行进行遍历，给每一行的新列赋值
        foreach (object key in hashCar. Keys)
            {
                row  =  dtTable. NewRow ();
                row [" BookID"]  =  key. ToString ();
```

```
            row ["Num"] = hashCar [key] . ToString ();
            dtTable. Rows. Add (row);
        }
        //计算价格
        DataTable dstable;
        int i = 1;
        float price; //商品单价
        int count; //商品数量
        float totalPrice = 0; //商品总价格
        foreach (DataRow drRow in dtTable. Rows)
        {
            strSql = "select BookName, HotPrice from tb_ BookInfo where
BookID=" + Convert. ToInt32 (drRow ["BookID"] . ToString ());
            dstable = dbObj. GetDataSetStr (strSql, "tbGI");
            drRow ["No"] = i; //序号
            drRow ["BookName"] = dstable. Rows [0] [0] . ToString ();
            //商品名称
            drRow ["price"] = (dstable. Rows [0] [1] . ToString ());
            //单价
            price = float. Parse (dstable. Rows [0] [1] . ToString ());
            //单价
            count = Int32. Parse (drRow ["Num"] . ToString ());
            drRow ["totalPrice"] = price * count; //总价
            totalPrice += price * count; //计算合价
            i + +;
        }
        this. labTotalPrice. Text = "总价:" + totalPrice. ToString ();
//显示所有商品的价格
        this. gvShopCart. DataSource = dtTable. DefaultView;
//绑定 GridView 控件
        this. gvShopCart. DataKeyNames = new string [] {"BookID"};
        this. gvShopCart. DataBind ();
        }
    }
}
}
```

在购物车信息显示框中，数量的显示是通过一个可写的 TextBox 控件来实现的，如果用户要修改商品的数量可以在相应的文本框中进行修改。单击"更新购物车"链接按钮，购物呈中的商品数量将会被更新。"更新购物车"的 Click 事件代码如下：

```
protected void lnkbtnUpdate_ Click（object sender, EventArgs e）
{
hashCar =（Hashtable）Session［" ShopCart"］; //获取其购物车
//使用 foreach 语句，遍历更新购物车中的商品数量
foreach（GridViewRow gvr in this. gvShopCart. Rows）
{
TextBox otb =（TextBox）gvr. FindControl（" txtNum"）; //找到用来输入数量的 TextBox 控件
int count = Int32. Parse（otb. Text）; //获得用户输入的数量值
string BookID = gvr. Cells［1］. Text; //得到该商品的 ID 代
hashCar［BookID］= count; //更新 hashTable 表
}
Session［" ShopCart"］= hashCar; //更新购物车
Response. Redirect（" shopCart. aspx"）;
}
```

当用户需要删除购物车中某一类商品时，可以在购物车信息显示框中，单击该类商品后的"删除"链接按钮，将该商品从购物车中删除。"删除"链接按钮的 Click 事件代码如下：

```
protected void lnkbtnDelete_ Command（object sender, CommandEventArgs e）
{
hashCar =（Hashtable）Session［" ShopCart"］; //获取其购物车
//从 Hashtable 表中，将指定的商品从购物车中移除，其中，删除按钮（lnkbtnDe-
lete）的 CommandArgument 参数值为商品 ID 代号
hashCar. Remove（e. CommandArgument）;
Session［" ShopCart"］= hashCar; //更新购物车
Response. Redirect（" shopCart. aspx"）;
}
```

当用户单击"清空购物车"链接按钮时，将会清空购物车中的所有商品。"清空购物车"链接按钮的 Click 事件代码如下：

```
protected void lnkbtnClear_ Click（object sender, EventArgs e）
{
Session［" ShopCart"］= null;
Response. Redirect（" shopCart. aspx"）;
```

```
}
```

当用户单击"继续购物"链接按钮时，将会跳转到前台首页，继续购买商品。"继续购物"链接按钮的 Click 事件代码如下：

```
protected void lnkbtnContinue_ Click（object sender，EventArgs e）
{
Response. Redirect（" Default. aspx"）;
}
```

当用户已购买完商品，可以单击"前往服务台"链接按钮，将会跳到服务台页（checkOut. aspx）进行结算并提交订单。"前往服务台"链接铵钮的 Click 事件代码如下：

```
protected void lnkbtnCheck_ Click（object sender，EventArgs e）
{
Response. Redirect（" checkOut. aspx"）;
}
```

保存页面，在页面中查看效果，如图 7.4 所示。

图 7.4 购物车页面

7.3 会员购物留言

7.3.1 通过 ADO. NET 调用存储过程

使用存储过程具有如下的优点：

（1）具有事务管理处理机制。存储过程中的 SQL 语句属于事务处理范畴，也就是说，存储过程中的所有 SQL 语句要么都执行，要么都不执行，这就是所谓的原子性。要

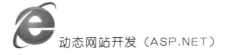

确保数据的一致性和完整性。

（2）执行速度快。与标准 SQL 语句不同，存储过程由数据库服务器编译和优化。优化操作包括使用存储过程在运行时所必需的特定数据库的结构信息，存储过程的执行比标准的 SQL 语句的执行要快很多，尤其在多次调用存储过程的情况下。

（3）可以实现过程控制。存储过程可以利用控制流语句在 SQL 代码中处理一些相当复杂的逻辑操作。

（4）安全性好。存储过程可以作为额外的安全层，使人们不直接调用数据层，而是强制他们通过业务层来进行操作。为 Web 服务其向其他想访问与其无关区域的人员提供了很方便的接口。

（5）减少网络通信。客户应用程序使用存储过程可以将控制权传递到数据库服务器上的存储过程中，这样存储过程就可以在数据库服务器上执行中间处理操作，而不通过网络传递不必要的数据。

（6）代码开发模块化。存储过程易于进行维护，由于存储过程很集中，因此可以在整个系统中和从外部组件使用现有的存储过程，可以更容易访问、维护和管理这些存储过程。这样可以在团队开发时，由专门的数据库开发人员编写存储过程中快速高效的数据库代码，供其他开发人员使用。

【例 7.2】以下示例说明如何通过 Command 对象调用带参数的存储过程。

第 1 步：建立如下存储过程。

```
CREATE PROCEDURE dbo. countproductsincategory
(
@ CatID int ,
@ CatName nvarchar（15）OUTPUT
)
AS
SET NOCOUNT ON
DECLARE @ PRODCOUNT INT
SELECT @ CatName = Categories. CategoryName ,
@ ProdCount = COUNT（products. productID）
FROM Categories INNER JOIN products
ON Categories. CategoryID = Products. CategoryID
WHERE（Categories. CategoryID = @ CatID）
GROUP BY Categories. CategoryName
RETURN @ ProdCount
```

第 2 步：创建 ASP . NET Web 页面。

在【设计】视图中，选择【工具箱】的【Web 窗体】选项卡，拖动一个文本框、两个标签和一个按钮到页面上，其中文本框的的 ID 属性设置为 txtCatID，如图 7.5 所示。

图 7.5 创建 Web 窗体

第 3 步：在【确定】按钮的 Click 事件中编写如下代码。

private void Button1_ Click（object sender，System. EventArgs e）

{

SqlConnection myCn = new SqlConnection（）；//创建一个连接对象

string cnString = " server = . ；database = Northwind；user id = sa；password =

sa；"；

//存储过程名称

string SqlText = " countproductsincategory"；

myCn. ConnectionString = cnString；

SqlCommand SqlCmd = new SqlCommand（SqlText，myCn）；//创建一个命令对象

SqlCmd. CommandType = CommandType. StoredProcedure；

//定义参数输入参数@ CatID，输出参数@ CatName 以及返回值@ ProdCount

SqlParameter Prmret = new SqlParameter（" @ CatName"，SqlDbType. Char ，15）；

Prmret. Direction = ParameterDirection. Output；

// 为 Command 对象添加参数

SqlCmd. Parameters. Add（" @ CatID"，typeof（int））；

SqlCmd. Parameters. Add（Prmret）；

SqlCmd. Parameters. Add（" @ ProdCount"，typeof（int））；

//传递参数

SqlCmd. Parameters ［" @ CatID"］. Value = txtCatID. Text；；

SqlCmd. Parameters ［" @ ProdCount"］. Direction = ParameterDirection. ReturnV

alue；

myCn. Open（）；

//执行 SQL 语句

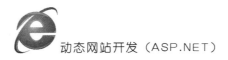

SqlCmd. ExecuteScalar（）；

//获取存储过程的返回值及输出参数

Label2. Text ＝" 名称:" ＋SqlCmd. Parameters ［" @CatName"］. Value ＋"，数量：

" ＋SqlCmd. Parameters ［" @ProdCount"］. Value；

myCn. Close（）；

}

第4步：按F5键运行，输入产品编号，单击【确定】按钮，显示指定某类产品的数量及名称。如图7.6所示。

图7.6　调用存储过程

7.3.2　Repeater 数据控件

Repeater Web 服务器控件是一个基本容器控件，利用它能够从页的任何可用数据中创建出自定义列表。该控件不具有固有外观，通过页眉模板、奇数行模板、偶数行模板、分隔模板以及页脚模板，可以灵活地控制记录的显示格式。

1. Repeater 控件的语法与属性

若要使用 Repeater 控件，要创建定义控件内容布局的模板。模板可以包含在 Web 窗体页上有效的 HTML 文本和控件的任意组合。如果未定义模板，或者如果模板都不包含元素，则当应用程序运行时，该控件不显示在页上。

Repeater 控件的声明语法：

＜asp：Repeater id ＝" Repeater1" DataSource ＝" ＜% databindingexpression % ＞"

runat ＝ server ＞

//页眉模板

＜HeaderTemplate ＞

Header template HTML

＜/HeaderTemplate ＞

//数据项模板

＜ItemTemplate ＞

Item template HTML

＜/ItemTemplate ＞

//数据交替项模板
< AlternatingItemTemplate >
Alternating item template HTML
</AlternatingItemTemplate >
//分隔模板
< SeparatorTemplate >
Separator template HTML
</SeparatorTemplate >
//页脚模板
< FooterTemplate >
Footer template HTML
</FooterTemplate >
< asp：Repeater >

使用 Repeater 控件创建基本的模板数据绑定列表。Repeater 控件没有内置的布局或样式；必须在此控件的模板内显式声明所有的 HTML 布局、格式设置和样式标记。

Repeater 控件不同于其他数据列表控件之处在于它允许在其模板中放置 HTML 段落。这样，可以创建复杂的 HTML 结构。

Repeater 是唯一的允许开发人员在模板间拆分 HTML 标记的控件。若要利用模板创建表格，在 HeaderTemplate 中包含表开始标记 " < table > "，在 ItemTemplate 中包含单个表行标记 " < tr > "，并在 FooterTemplate 中包含表结束标记 " </table > "。

表 7 - 4 列出 Repeater 控件的不同模板。

表 7 - 4 Repeater **控件的不同模板**

模板	说明
AlternatingItemTemplate	数据交替项模板，与 ItemTemplate 元素类似，但在 Repeater 控件中隔行（交替项）显示一次。通过设置 AlternatingItemTemplate 元素的样式属性，可以为其指定不同的外观
FooterTemplate	页脚模板，在所有数据绑定行呈现之后显示一次的元素。典型的用途是关闭在 HeaderTemplate 项中打开的元素（使用 </table > 这样的标记）
HeaderTemplate	页眉模板，在所有数据绑定行显示之前显示一次的元素
ItemTemplate	数据项模板，为数据源中的每一行都显示一次的元素。若要显示 ItemTemplate 中的数据，则声明一个或多个 Web 服务器控件并设置其数据绑定表达式以使其计算为 Repeater 控件（即容器控件）的 DataSource 中的字段
SeparatorTemplate	分隔模板，在各行之间呈现的元素，通常是分行符 （ < br > 标记）、水平线 （ < hr > 标记）等

Repeater 控件没有内置的选择或编辑支持，但是可以为该控件的 ItemCommand 事件创建处理程序以处理从模板发送到该控件的控件事件。

该控件将其 Item 和 AlternatingItem 模板绑定到在它的 DataSource 属性中引用的数据结构（不能将 Header、Footer 和 Separator 模板绑定到数据。）。如果设置了 Repeater 控件的 DataSource 属性，但没有返回任何数据，则该控件将按 Header 和 Footer 模板显示数据，但不显示任何项。如果未设置 DataSource 属性，则不会显示 Repeater 控件。

模板中的控件可绑定到 Repeater 控件的数据源或一个单独的数据源。将控件绑定到 Repeater 控件保证所有控件将显示来自同一数据行的数据项。将控件绑定到 Repeater 控件的语法使用"容器"作为数据源，因为 Repeater 是所有控件的容器。绑定命令格式如下。

< % # DataBinder. Eval （Container. DataItem，" Phone"）% >

ASP . NET 提供了一个名为 DataBinder. Eval 的静态方法，该方法计算后期绑定的数据绑定表达式，并将结果格式化为字符串（可选）。利用此方法，可以避免许多在将值强制为所需数据类型时必须执行的显式强制转换操作。

例如，在下面的代码片段中，一个整数显示为货币字符串。使用标准的 ASP . NET 数据绑定语法，必须首先强制转换数据行的类型以便检索数据字段 IntegerValue。然后，这将作为参数传递到 String. Format 方法：

< % # String. Format （" {0：c}"，（（DataRowView）Container. DataItem）［" Integer-Value"］）% >

将此语法与 DataBinder. Eval 的语法进行比较，后者只有 3 个参数：数据项的命名容器、数据字段名称和格式字符串。在模板化列表中（如 DataList 类、DataGrid 类或 Repeater 类），命名容器始终是 Container. DataItem。

< % # DataBinder. Eval （Container. DataItem，" IntegerValue"，" {0：c}"）% >

格式字符串参数是可选的。如果它被忽略，DataBinder. Eval 将返回类型对象的值，如下面的示例所示：

< % # （bool）DataBinder. Eval （Container. DataItem，" BoolValue"）% >

当对模板化列表中的控件进行数据绑定时，DataBinder. Eval 特别有用，因为数据行和数据字段通常都必须强制转换。

2. Repeater 控件的常用事件

Repeater 控件支持 ItemCommand、ItemCreated、ItemDataBound 等事件，其处理方法与 DataList、DataGrid 相关事件相似。Repeater 控件的常用事件见表 7 - 5。

表 7 - 5　Repeater 控件的常用事件

事件	说明
ItemCommand	当单击 Repeater 控件中的按钮时发生
ItemCreated	当在 Repeater 控件中创建一项时发生
ItemDataBound	在 Repeater 中的某项被数据绑定之后，但在呈现于页面上之前发生

【例 7.3】以下代码示例显示一个绑定到 SqlDataReader 的 Repeater 控件，该控件返回从一个 SQL 查询中返回的一组只读、只进数据记录，该 SQL 查询包含有关一套书籍的信息。

SqlDataReader 在该示例中用于实现最高性能。该示例还定义一个 HeaderTemplate 和一个 FooterTemplate，它们分别在列表的开头和结尾呈现。

Repeater 控件为 DataSource 集合中的每一项呈现一次 ItemTemplate，从而迭代绑定数据。它只呈现其模板中包含的元素。

程序运行效果如图 7.7 所示。

Title	Title ID	Type	Publisher ID	Price
The Busy Executive's Database Guide	BU1032	business	1389	￥19.99
Cooking with Computers: Surreptitious Balance Sheets	BU1111	business	1389	￥11.95
You Can Combat Computer Stress!	BU2075	business	0736	￥2.99
Straight Talk About Computers	BU7832	business	1389	￥19.99
Silicon Valley Gastronomic Treats	MC2222	mod_cook	0877	￥19.99
The Gourmet Microwave	MC3021	mod_cook	0877	￥2.99
The Psychology of Computer Cooking	MC3026	UNDECIDED	0877	
But Is It User Friendly?	PC1035	popular_comp	1389	￥22.95
Secrets of Silicon Valley	PC8888	popular_comp	1389	￥20.00
Net Etiquette	PC9999	popular_comp	1389	
Computer Phobic AND Non-Phobic Individuals: Behavior Variations	PS1372	psychology	0877	￥21.59
Is Anger the Enemy?	PS2091	psychology	0736	￥10.95

图 7.7 使用 Repeater 显示数据示例程序

程序代码如下所示：

程序名称：CH6 - 3. aspx

```
<%@ Page language = " c#" Codebehind = " ch5 - 3. aspx. cs" AutoEventWireup = "false"
Inherits = " CH06. ch6_ 31" % >
<! DOCTYPE HTML PUBLIC " -//W3C//DTD HTML 4. 0 Transitional//EN" >
<HTML >
<HEAD >
<title > ch6 - 3 </title >
</HEAD >
<body MS_ POSITIONING = " GridLayout" >
<form id = " Form1" method = " post" runat = " server" >
<ASP：Repeater id = " MyRepeater" runat = " server" >
<HeaderTemplate >
<Table width = " 100%" style = " font：8pt verdana" >
<tr style = " background - color：DFA894" >
<th > Title </th > <th > Title ID </th > <th > Type </th > <th > Publisher ID </th >
<th > Price </th >
</tr >
</HeaderTemplate >
```

```
< ItemTemplate >
< tr style = " background - color：FFECD8" >
< td > < % # DataBinder. Eval （Container. DataItem，" title" )% > </td >
< td > < % # DataBinder. Eval （Container. DataItem，" title_ id" )% > </td >
< td > < % # DataBinder. Eval （Container. DataItem，" type" )% > </td >
< td > < % # DataBinder. Eval （Container. DataItem，" pub_ id" ) % > </td >
< td > < % # DataBinder. Eval （Container. DataItem，" price"，"｛0：c｝" ) % >
</td >
</tr >
</ItemTemplate >
< FooterTemplate >
</Table >
</FooterTemplate >
</ASP：Repeater >
</form >
</body >
/HTML >
<
```

在 CH6 - 3. aspx. cs 文件中输入如下代码。

程序名称：CH5 - 3. aspx. cs

```
using System;
using System. Collections;
using System. ComponentModel;
using System. Data;
using System. Drawing;
using System. Web;
using System. Web. SessionState;
using System. Web. UI;
using System. Web. UI. WebControls;
using System. Web. UI. HtmlControls;
using System. Data. SqlClient;
namespace CH05
{
/// < summary >
/// ch6_ 31 的摘要说明
/// </summary >
```

```
public class ch6_ 31 : System. Web. UI. Page
{
protected System. Web. UI. WebControls. Repeater MyRepeater;
private void Page_ Load (object sender, System. EventArgs e)
{
// 在此处放置用户代码以初始化页面
// 创建一个 connection 连接到数据库 pubs
SqlConnection myConnection = new SqlConnection (" server =. ; database = pubs; Trus-
ted_ Connection = Yes");
// 创建 DataAdapter, 通过 SQL 语句连接并查询 Titles 表
SqlDataAdapter myCommand = new SqlDataAdapter (" SELECT * FROM Titles",
myConnection);
// 创建并填充 DataSets
DataSet ds = new DataSet ();
myCommand. Fill (ds);
// 绑定 MyRepeater 到 DataSet
MyRepeater. DataSource = ds;
MyRepeater. DataBind ();
}
}
}
```

---------------------------------- **习题** ----------------------------------

1. **单项选择题**

（1）以下数据服务控件中，没有内置格式的控件是：_____。

A. DataGrid 控件　　　　B. DataList 控件　　　　C. Repeater 控件　　　　D. DataReader

（2）有关 DataGrid 自动生成的列和显示声明的列，下列说法正确的是_____。

A. 自动生成的列和显式声明的列可以一起显示，同时使用这二者时，首先呈现自动生成的列

B. 自动生成的列和显式声明的列可以一起显示，同时使用这二者时，首先呈现显式声明的列

C. 自动生成的列和显式声明的列不可以一起显示，每次只能使用两者中的一个

D. 不能确定

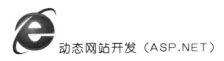

（3）要想为 DataGrid 控件中的列中每一项添加一个"删除"按钮，应使用_____
____。

    A. EditCommandColumn 列　　　　　　　B. ButtonColumn 列

    C. HyperLinkColumn 列　　　　　　　　D. TemplateColumn 列

（4）如果使用 DataGrid 控件显示一个待办事宜列表，可以用红色文本显示过期项，用黑色文本显示完成项，用绿色文本显示其他任务。这个功能应该在 DataGrid 的_____
____中实现。

    A. ItemCommand 事件　　　　　　　　　B. ItemCreated 事件

    C. ItemDataBound 事件　　　　　　　　D. DataBinding 事件

（5）控制 DataList 控件输出数据时显示方式的属性是_____。

    A. RepeatColumns 属性　　　　　　　　B. RepeatDirection 属性

    C. RepeatLayout 属性　　　　　　　　　D. Gridlines 属性

（6）_____是唯一的允许开发人员在模板间拆分 HTML 标记的控件。

    A. DataGrid 控件　　　B. DataList 控件　　　C. Repeater 控件　　　D. Grid 控件

（7）要实现 Repeater 控件的编辑支持，应该在该控件的_____事件创建处理
程序。

    A. ItemCommand 事件　　　　　　　　　B. ItemCreated 事件

    C. ItemDataBound 事件　　　　　　　　D. EditCommand 事件

  2. 填空题

（1）ADO . NET 包含的 3 个数据服务控件是_____、_____和_____。

（2）DataGrid 控件可以创建 5 种不同类型的列：_____、_____、_____
____、_____和_____。

（3）DataGrid 控件中的 AlternatingItemStyle 样式属性的功能是_____。

（4）如果想置控件 DataGrid 控件的绑定列在编辑模式下无法编辑，应该设置绑定列
的_____属性值为_____。

（5）若要启用 DataGrid 分页，将_____属性设置为 true，并提供处理_____
_____事件的代码。

（6）DataList 控件的 RepeatDirection 属性的功能是_____。

（7）DataList 控件的 RepeatLayout 属性的功能是_____。

（8）如果 DataList 控件中按钮的 CommandName 属性为 Edit，则该按钮导致引发____
_____事件。

（9）Repeater 控件不同于其他数据列表控件之处在于它允许在其模板中放置_____
____。

（10）如果 Repeater 控件未定义模板，或者如果模板都不包含元素，则当应用程序运
行时，则该控件_____。

实训

实训项目：掌握数据控件的编程方法。

实训性质：程序设计。

实训目的：

（1）熟练掌握 DataGrid 控件、DataList 控件、Repeater 控件的语法、属性。

（2）熟练掌握 DataGrid 控件、DataList 控件、Repeater 控件事件的处理程序编写方法。

（3）以留言板内容列表为例，重点掌握 Repeater 控件模板列的自由编程方法。

实训环境：Windows XP/2000、Visual Studio . NET 2003。

实训内容：

（1）创建一个 Access 数据库，数据库文件名为 MyData. mdb。在数据库中创建一个留言板内容信息表，表名为：GuestBook，包含字段：ID——自动增长字段、Name——姓名、Sex——性别、Email——电子邮件、HomePage——个人主页、Oicq——QQ 号、Content——留言内容、Photo——个人形象图片、IP——IP 地址、Date——留言时间。

（2）新建一个 Web 窗体页面，在 Web 窗体页面中放入一个 Repeater 控件，通过 Repeater 控件的模板列自由设计留言板内容的显示布局，并实现留言板的分页。

实训指导：

（1）实训内容（1）分析与提示。

①该实训使用 Access 数据库保存留言板内容。Access 数据库是在小型应用系统中常用的数据库，在用户数据量较小而且访问量不大时经常使用。

②使用 Office Access 新建一个 Access 数据库，将数据库文件名命名为 MyData. mdb。将该数据库文件放在应用程序根目录下，如：C：\ inetpub \ wwwroot \ ch06 \ MyData. mdb。

③然后按实训内容（1）的要求创建表 GuestBook，并在该表中添加字段：ID——自动增长字段、Name——姓名、Sex——性别、Email——电子邮件、HomePage——个人主页、icq——QQ 号、Content——留言内容、Photo——个人形象图片、IP——IP 地址、Date——留言时间，如图 7.8 所示。

④往数据库 GuestBook. mdb 输入一些测试数据，如图 7.9 所示。

⑤将 GuestBook. mdb 文件所在目录的读写权限分配给 ASP . NET Machine 账号或 User 账号。

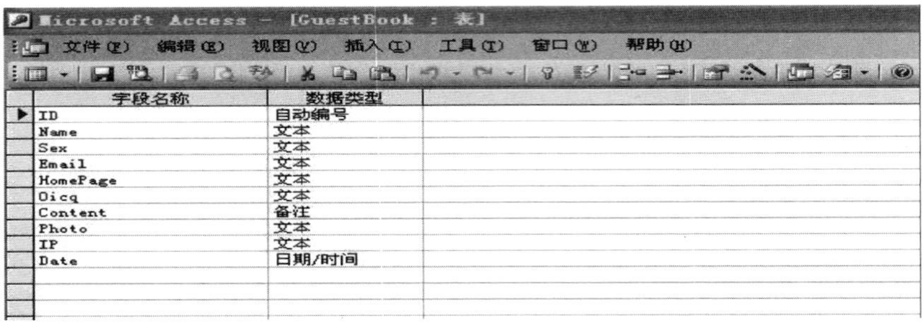

图 7.8　留言板数据库表 GuestBook 结构

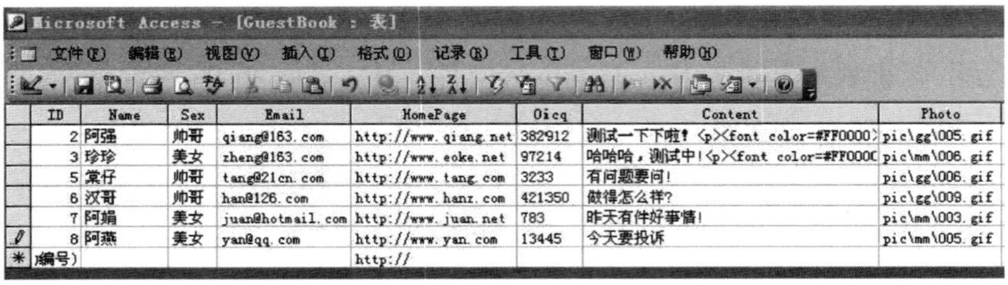

图 7.9　留言板数据库表 GuestBook 测试数据

（2）实训内容（2）分析与提示。

①在 VS．NET 中新建一个解决方案，然后添加一个 Web 窗体页面。在【解决方案资源管理】窗口，单击项目名称，右击弹出菜单，在弹出菜单中选择【添加】｜【添加 Web 窗体】，在随后打开的【添加新项】窗口中的【输入名称】栏中输入用户控件的名称，比如：Lab5－1．aspx，按 Enter 键完成 Web 窗体文件的生成。

②确定所需控件和类型。在用户控件 Lab6－1．aspx 的"设计视图"状态，从工具栏拖入需要的 Repeater 控件。然后切换到"HTML 视图"状态，在 Lab6－1．aspx 的 HTML 代码编辑器中添加以下代码。

< body vLink＝" #000000" aLink＝" #000000" link＝" #000000" bgColor＝" # 999999"

leftMargin＝" 0"

background＝" pic/bg01．gif" topMargin＝" 0" marginheight＝" 0"

marginwidth＝" 0" >

< form id＝" Form1" runat＝" server" >

< table cellSpacing＝" 0" cellPadding＝" 0" width＝" 100%" border＝" 0" >

< TBODY >

< tr >

< td width＝" 5%" > ； </td >

< td > < br > < table cellSpacing＝" 0" cellPadding＝" 2" width＝" 100%"

border＝" 0" >

< tr >

```
< td width = " 70" bgColor = " #000000" > < A href = " Guest. aspx" > < font
color = " #ffffff" > ；签写留言 </font > </A > </td >
< td bgColor = " #000000" >
< div align = " right" > < font color = " #ffffff" >共有 < font color =
" #ffff00" >
< asp：label id = " lbRecordCount" runat = " server" > </asp：label >
</font >
条留言  ； ； ； ； ； ；当前页为 < font color =
" #ffff00" >
< asp：label id = " lbCurrentPage" runat = " server" > </asp：label >/
< asp：label id = " lbPageCount" runat = " server" > </asp：label >
</font > 页 </font > </div >
</td >
</tr >
</table >
< asp：repeater id = " message" runat = " server" >
< ItemTemplate >
< table width = " 100%" border = " 0" cellpadding = " 7" cellspacing = " 1"
bgcolor = " #000000" >
< tr bgcolor = " #ffffff" > < td width = " 74%" colspan = " 2" >
< table width = " 100%" border = " 0" cellpadding = " 2"
cellspacing = " 1" bgcolor = " #999999" >
< tr >
< td width = " 150" rowspan = " 3" bgcolor = " #ffffff" > < div
align = " center" > < %# " < img src = " + DataBinder. Eval
(Container. DataItem," Photo") + " >" % > </div > </td >
< td valign = " middle" bgcolor = " #ffffff" > < font color =
" #000000" >来自 < %# GetAddress ((DataBinder. Eval
(Container. DataItem," ip")). ToString ()) % >的 < %#
DataBinder. Eval (Container. DataItem," Sex") % >
< font color = " #ff0000" > < ! – – Eval 方法在运行时使用反射来分析和计算对象
的数据绑
定表达式 – – >
< %# DataBinder. Eval (Container. DataItem," Name") % > </font >于 < %#
DataBinder. Eval (Container. DataItem," Date") % > 时的留言！ </font > </td >
</tr >
```

```
<tr bgcolor=" #ffffff" > <td height=" 80" valign=" top"
bgcolor=" #ffffff" > <p> <font color=" #000000" > <br>
<%# DataBinder.Eval (Container.DataItem," Content") .ToString () .Replace
(" \r"," <br>") .Replace (" \n","") %>
</p>
</td>
</tr>
<tr>
<td valign=" middle" bgcolor=" #ffffff" > <font color=
" #000000" >
<%# " <a href=mailto:" + DataBinder.Eval (Container.
DataItem," Email") + " > <img src=pic/email.gif border=0
alt=" + DataBinder.Eval (Container.DataItem," Email") + " >
</img>电子邮箱</a>" %>     
<%# " <a href=" + DataBinder.Eval (Container.DataItem,
" HomePage") + " > <img src=pic/home.gif border=0 alt=" +
DataBinder.Eval (Container.DataItem," HomePage") + " >
</img>个人主页</a>" %>     
<%# " <a target=_ blank href=http://search.tencent.com/
cgi-bin/friend/user_ show_ info? ln=" + DataBinder.Eval
(Container.DataItem," Oicq") + " >" %>
<%# " <img src=pic/oicq.gif border=0 alt=" + DataBinder.Eval
(Container.DataItem," Oicq") + " > </img>Oicq" %>
</a>      
<asp:LinkButton id=" DelButton" runat=" server" OnCommand=
" DelOrRep_ Click" CommandName=" Del" CommandArgument='<%#
DataBinder.Eval (Container.DataItem," ID") %>'> <img src=
" pic/recycle.gif" border=" 0" > 删除留言</asp:LinkButton>
     
<asp:LinkButton ID=" RepButton" Runat=server OnCommand=
" DelOrRep_ Click" CommandName=" Rep" CommandArgument='<%#
DataBinder.Eval (Container.DataItem," ID") %>'> <img src=
" pic/reply.gif" border=" 0" > 版主回复</asp:LinkButton>
</font> </td>
</tr>
</table>
```

```
</td>
</tr>
</table>
</ItemTemplate>
<SeparatorTemplate>
<table width="100%" border="0" bgcolor="#ffffff">
<tr bgcolor="#ffffff">
<td height="10" background="pic/bg01.gif">
</tr>
</table>
</SeparatorTemplate>
</asp:repeater>
<P align="right">
<asp:linkbutton id="butPrev" runat="server" CausesValidation="False"
OnClick="butPrev_Click" Font-Size="X-Small" Font-Names="宋体">上
一页
</asp:linkbutton>  
<asp:linkbutton id="butNext" runat="server" OnClick="butNext_Click"
CausesValidation="False" Font-Size="X-Small" Font-Names="宋体">下
一页
</asp:linkbutton> 
<asp:dropdownlist id="dlsPageIndex" runat="server" OnSelectedIndexChanged=
"dlsPageIndex_SelectedIndexChanged" Font-Size="X-Small" Font-Names="宋
体" AutoPostBack="True"></asp:dropdownlist></P>
</td>
</tr>
</TBODY>
</table>
</form>
<table width="100%" border="0" cellspacing="0" cellpadding="0">
<tr>
<td><div align="center">
<hr width="90%" size="1">
<font size="2">留言板     程序设计：<a
href="mailto:fangmingqing@163.com">fang<font color="#000000">
</font></a>
```

```
< br >
</font >
</div >
</td >
</tr >
</table >
< br >
</body >
```

③在 Lab5 – 1. aspx Web 窗体页面所在目录下创建图片目录 < pic > ，并在 < pic > 目录下放置页面用到的图形文件，如：bg01. gif、email. gif、home. gif、oicq. gif、recycle. gif 和 reply. gif 图形文件，以及在 < pic > 目录下再创建子目录 < gg > 和 < mm > 。

④右击用户控件的【设计视图】或【HTML 视图】状态，在弹出菜单中选择【查看代码】，转到代码文件 Lab6 – 1. aspx. cs，在代码文件中输入以下代码。

```
using System. Data. OleDb;
namespace CH05
{
/// < summary >
/// Lab6_ 1 的摘要说明
/// </summary >
public class Lab5_ 1 : System. Web. UI. Page
{
protected System. Web. UI. WebControls. Label lbRecordCount;
protected System. Web. UI. WebControls. Label lbCurrentPage;
protected System. Web. UI. WebControls. Label lbPageCount;
protected System. Web. UI. WebControls. Repeater message;
protected System. Web. UI. WebControls. LinkButton butPrev;
protected System. Web. UI. WebControls. LinkButton butNext;
protected System. Web. UI. WebControls. DropDownList dlsPageIndex;
int pageSize, recordCount, pageCount, currentPage;
OleDbConnection conn;
private void Page_ Load (object sender, System. EventArgs e)
{
// 在此处放置用户代码以初始化页面
pageSize = 3; // 设定每页留言数
string conStr = " Provider = Microsoft. Jet. OLEDB. 4. 0; Data Source = "
 + Server. MapPath (" MyData. mdb");
```

```
conn = new OleDbConnection（conStr）;
if（! Page. IsPostBack）
pageCount = recordCount / pageSize; // 计算共有多少页
ViewState［" PageCount"］ = pageCount;
InitDls（）;
BindData（）;
}
}
/// < summary >
/// 该方法计算有多少条留言
/// </ summary >
/// < returns >返回留言总数</ returns >
public int CalculateRecord（）
{
int Count;
string countStr = " Select count（*）as Total from GuestBook";
conn. Open（）;
OleDbCommand comm = new OleDbCommand（countStr，conn）;
OleDbDataReader dr = comm. ExecuteReader（）;
if（dr. Read（））
{
Count = int. Parse（dr［" Total"］. ToString（））;
}
else
{
Count = 0;
}
conn. Close（）;
dr. Close（）;
return Count;
}
// 绑定数据
public void BindData（）
{
int startPage;
startPage =（currentPage − 1）* pageSize;
```

```
string selectStr = " Select * from GuestBook order by date DESC";
DataSet ds = new DataSet ();
conn. Open ();
OleDbDataAdapter da = new OleDbDataAdapter (selectStr, conn);
da. Fill (ds, startPage, pageSize," Message");
message. DataSource = ds;
message. DataMember = " Message";
message. DataBind ();
// 显示记录数、当前页、共几页
lbCurrentPage. Text = (currentPage) . ToString ();
lbPageCount. Text = (pageCount) . ToString ();
lbRecordCount. Text = recordCount. ToString ();
dlsPageIndex. SelectedIndex = currentPage −1;
conn. Close ();
}
// 处理下一页链接按钮
public void butNext_ Click (object sender, System. EventArgs e)
{
currentPage = (int) ViewState [" CurrentPage"];
pageCount = (int) ViewState [" PageCount"];
recordCount = (int) ViewState [" RecordCount"];
if (currentPage < pageCount)
currentPage + +;
ViewState [" CurrentPage"] = currentPage;
BindData ();
}
// 处理上一页链接按钮
public void butPrev_ Click (object sender, System. EventArgs e)
{
currentPage = (int) ViewState [" CurrentPage"];
pageCount = (int) ViewState [" PageCount"];
recordCount = (int) ViewState [" RecordCount"];
if (currentPage >0)
currentPage − −;
ViewState [" CurrentPage"] = currentPage;
BindData ();
```

```
}
// 处理"删除留言"或"回复留言"链接按钮
public void DelOrRep_ Click (object sender, CommandEventArgs e)
{
string commandText;
if (e. CommandName = = " Del")
{
if (Session [" Admin"] ! = null)
{
commandText = " Delete from GuestBook where ID = " +
e. CommandArgument;
conn. Open ();
OleDbCommand comm = new OleDbCommand (commandText, conn);
comm. ExecuteNonQuery ();
conn. Close ();
Response. Write (" < script > alert (\" 删除成功! \"); </ script >");
Response. Redirect (" view. aspx");
}
else
Response. Redirect (" login. aspx");
}
if (e. CommandName = = " Rep")
Response. Redirect (" Reply. aspx? GuestID = " + e. CommandArgument);
}
// 初始化下拉框
public void InitDls ()
{
for (int i = 1; i < = pageCount; i + +)
{
dlsPageIndex. Items. Add (new ListItem (" 第" + i + " 页", (i - 1) .
ToString ()));
}
}

// 处理下拉框改变时的事件
public void dlsPageIndex_ SelectedIndexChanged (object sender,
System. EventArgs e)
```

```
{
    currentPage = (int) ViewState ["CurrentPage"];
    pageCount = (int) ViewState ["PageCount"];
    recordCount = (int) ViewState ["RecordCount"];
    currentPage = int. Parse (dlsPageIndex. SelectedItem. Value) +1;
    ViewState ["CurrentPage"] = currentPage;
    BindData ();
}
// 通过 IP 地址对照表获得地址名
public string GetAddress (string ip)
{
    string [] ipArray;
    long numString;
    string address;
    ipArray = ip. Split ('.');
    numString = (long. Parse (ipArray [0]) *256*256*256) +
    (int. Parse (ipArray [1]) *256*256) + (int. Parse (ipArray [2]) *256) +
    int. Parse (ipArray [3]) -1;
    string conIPStr = "Provider = Microsoft. Jet. OLEDB. 4. 0; Data
    Source =" + Server. MapPath ("ip. mdb");
    string selectStr = "Select 国家, 城市 from ipadress where ip1 < =
    " + numString + " and ip2 > = " + numString;
    OleDbDataReader dr;
    OleDbConnection connIP = new OleDbConnection (conIPStr);
    connIP. Open ();
    OleDbCommand commIP = new OleDbCommand (selectStr, connIP);
    dr = commIP. ExecuteReader ();
    if (dr. Read ())
    address = dr ["国家"] . ToString () + dr ["城市"] . ToString ();
    else address = "****";
    connIP. Close ();
    return address;
}}}
```

⑤在浏览器中运行查看 Lab5 - 1. aspx 页面，运行效果如图 7. 10 所示。

图 7.10　使用 Repeater 控件的自定义模板显示留言板信息

项目八　订单管理模块

8.1　情景分析

销售订单管理是电子商务平台开发的一个重要环节，用户购习完自自所需的商品并放入购物车后，就要去网上服务台填写商品订单，对所购买的商品进行结算，所以对用户的销售订单管理非常重要。

在网站后台的此定理模块中，当管理员单击菜单栏中"订单管理"下的"未确认"／"已确认"／"未发货"／"已发货"／"未归档"／"已归档"任一个按钮，都会在功能执行区中打开如图8.1所示的订单管理页面。在该页面中，管理员可以概据实际需要查询、浏览和删除订单信息。

另外，在该订单管理模块中，对"未确认"／"已确认"／"未发货"／"未归档"／"已归档"所涉及到的商品信息都可以打印出来。

用户单击如图所示页面中的"管理"链接按钮，将会在功能执行区中打开如图所示的订单详细信息页面，用户可以在该页面中查询某一订单的详细信息，并且可以对订单状态信息进行修改。

图8.1　订单管理页面

8.2　订单的实现

8.2.1　销售订单管理模块技术分析

要给用户一个订单凭证，就要把用户订单打印出来，在销售订单管理模块中应用了打技术，下面进行介绍。

在图中当用户单击"打印"按钮后，将会对订单进行打印，同时隐藏"打印"按钮。实现该功能的具体步骤如下：

（1）将页面换到位 HTML 源码中，设置"打印"按钮的 onclick 事件为 printPage（），并将"打印"按钮置于是 id 为 printOrder 的 < span > < /span > 节中。其源代码为：

< SPAN id = " printOrder" > < input type = " button" onclick = " printPage（）" value = " 打印" id = " btnInput" > < /span >

2. 在 < head > < /head > 节中，使用 JavaScript 语言，编写如下代码，实现当用户单击"打印"按钮时，隐藏"打印"按钮并对订单进行打印。其代码如下：

8.2.2 销售订单管理模块实现过程

1. 设计步骤

（1）在该网站中的 Manage 文件夹下创建军一个 Web 窗体，将其命名为 OrderList. aspx。

（2）在页面中添加一个 Table（表格）控件为整个页面布局。从"工具箱"选项卡"中拖放 2 个 TextBox 控件、3 个 DropDownList 控件、1 个 Label 控件、1 个 Button 和 1 个 GridView 控件。其中 TextBox 控件、Label 控件、Button 控件和 GridView 控件的属性设置及用途如表 8 – 1 所示：

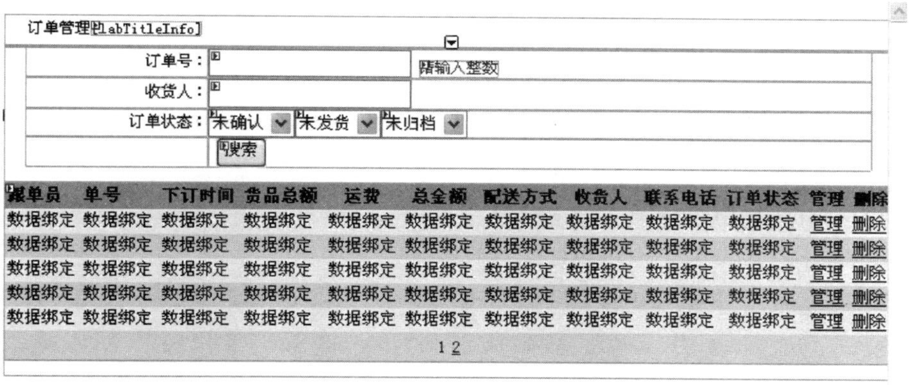

图 8.2 订单管理设计页面

表 8 – 1 订单管理页面用到的主要控件

控件类型	控件名称	主要属性设置	用途
Button	btnSearch	Text 属性设置"搜索"	实现搜索功能
Label	labTitleInfo	Text 属性设置为空值	显示订单状态
TextBox	txtKeyword	无	输入搜索关键字
	txtName	无	输入订单号

续表

GridView	gvGooksInfo	AllowPaging 属性设置为 True（允许分页） AutoGenerateColumns 属性设置为 False（去掉自动生成列） PageSize 属性设置为 5（页面显示数据为 5 条）	显不订单信息

2. 代码实现

在后台代码页中编写代码前，需要首先定义 CommonClass 类对象、DBClass 类对象和 OrderClass 类对象，以便在编写代码时，调用该类中的方法以。其代码如下：

CommonClass ccObj = new CommonClass（）；

DBClass dbObj = new DBClass（）；

OrderClass ocObj = new OrderClass（）；

程序主要代码如下：

（1）在 Page_ Load 事件中，调用自定义方法 pageBind（），分类显示订单信息，其代码如下：

protected void Page_ Load（object sender，EventArgs e）

｛

if（！IsPostBack）

｛

/ * 判断是否登录 */

ST_ check_ Login（）；

//判断是否已点击"搜索"按钮

ViewState［" search"］= null；

pageBind（）；//绑定订单信息

｝

｝

自定义方法 pageBind（），首先从订单信息表中获取订单信息，然后将获取的订单信息绑定到 GridView 控件中。其代码如下：

public void pageBind（）

｛

strSql =" select * from tb_ OrderInfo where "；

//获取 Request［" OrderList"］对象的值，确定查询条件

string strOL = Request［" OrderList"］. Trim（）；

switch（strOL）

｛

```
case " 00" : //表示未确定
strSql + = " IsConfirm = 0" ;
break ;
case " 01" : //表示已确定
strSql + = " IsConfirm = 1" ;
break ;
case " 10" : //表示未发货
strSql + = " IsSend = 0" ;
break ;
case " 11" : //表示已发货
strSql + = " IsSend = 1" ;
break ;
case " 20" : //表示收货人未验收货物
strSql + = " IsEnd = 0" ;
break ;
case " 21" : //表示收货人已验收货物
strSql + = " IsEnd = 1" ;
break ;
default :
break ;
}
strSql + = " order by OrderDate Desc" ;
//获取查询信息，并将其绑定到 GridView 控件中
DataTable dsTable = dbObj. GetDataSetStr (strSql, " tbOI" );
this. gvOrderList. DataSource = dsTable. DefaultView;
this. gvOrderList. DataKeyNames = new string [ ] { " OrderID"};
this. gvOrderList. DataBind ( );
}
/// < summary >
/// 获取符合条件的订单信息
/// </ summary >
public void gvSearchBind ( )
{
int IntOrderID = 0; //输入订单号
int IntNF = 0; //判断是否输入收货人
string strName = ""; //输入收货人名
```

225

```
int IntIsConfirm =0 ；//是否确认
int IntIsSend =0 ；//是否发货
int IntIsEnd =0；//是否归档
if ( this. txtKeyword. Text  =  = " "  &&  this. txtName. Text  =  = " "  &&
this. ddlConfirmed. SelectedIndex  =  = 0 && this. ddlFinished. SelectedIndex  =  = 0 &&
this. ddlShipped. SelectedIndex  =  = 0）
    {
    pageBind（）；
    }
    else
    {
    if（this. txtKeyword. Text ！ = " "）
    {
    IntOrderID = Convert. ToInt32（this. txtKeyword. Text. Trim（））；
    }
    if（this. txtName. Text ！ = " "）
    {
    IntNF = 1；
    strName = this. txtName. Text. Trim（）；
    }
    IntIsConfirm = this. ddlConfirmed. SelectedIndex；
    IntIsSend = this. ddlShipped. SelectedIndex；
    IntIsEnd = this. ddlFinished. SelectedIndex；
    DataTable dsTable = ocObj. ExactOrderSearch（IntOrderID, IntNF, strName, IntIsCon-
firm, IntIsSend, IntIsEnd）；
    this. gvOrderList. DataSource = dsTable. DefaultView；
    this. gvOrderList. DataKeyNames = new string [ ] { " OrderID" }；
    this. gvOrderList. DataBind（）；
    }
    }
```

（2）当用户输入关键信息后，单击"搜索"按钮，将会触发该按钮的 Click 事件。在该事件下，调用自定义方法 gvSearchBind（）绑定查询后的订单信息。其代码如下：

```
protected void btnSearch_ Click（object sender, EventArgs e）
    {
    //将 ViewState ［" search"］对象值 1
    ViewState ［" search"］ = 1；
```

```
gvSearchBind（）；//绑定查询后的订单信息
}
```

自定义方法 gvSearchBind（），首先获取查询条件，然后调用 OrderClass 类的 Exac-tOrderSearch（）方法，查询符合条件的商品信息，并将其绑定到 GridView 控件上。其代码如下：

```
public void gvSearchBind（）
{
int IntOrderID = 0；//输入订单号
int IntNF = 0；//判断是否输入收货人
string strName = ""；//输入收货人名
int IntIsConfirm = 0 ；//是否确认
int IntIsSend = 0 ；//是否发货
int IntIsEnd = 0；//是否归档
if（this. txtKeyword. Text = = "" && this. txtName. Text = = "" && this. ddlConfirmed. SelectedIndex = = 0 && this. ddlFinished. SelectedIndex = = 0 && this. ddlShipped. SelectedIndex = = 0）
{
pageBind（）；
}
else
{
if（this. txtKeyword. Text ! = ""）
{
IntOrderID = Convert. ToInt32（this. txtKeyword. Text. Trim（））；
}
if（this. txtName. Text ! = ""）
{
IntNF = 1；
strName = this. txtName. Text. Trim（）；
}
IntIsConfirm = this. ddlConfirmed. SelectedIndex；
IntIsSend = this. ddlShipped. SelectedIndex；
IntIsEnd = this. ddlFinished. SelectedIndex；
DataTable dsTable = ocObj. ExactOrderSearch（IntOrderID, IntNF, strName, IntIsConfirm, IntIsSend, IntIsEnd）；
this. gvOrderList. DataSource = dsTable. DefaultView；
```

```
        this. gvOrderList. DataKeyNames = new string [ ] { " OrderID"};
        this. gvOrderList. DataBind ();
        }
    }
```

（3）在 GridView 控件的 RowDeleting 事件下，编写如下代码，实殃当用户单击某个订单后的"删除"按钮时，首先判断该订单是否被确认或归档，如果没有被告确认（说明购物用户不存在）或已归档（说明货物已被用户验收），则将该订单从订单作息表中删除。

```
    protected void gvOrderList_ RowDeleting ( object sender, GridViewDeleteEventArgs e)
    {
    string strSql = " select * from tb_ OrderInfo where ( IsConfirm = 0 or IsEnd = 1 ) and
OrderID = " + Convert. ToInt32 ( gvOrderList. DataKeys [ e. RowIndex]. Value);
    //判断该订单是否已被确认或归档，如果已被确认但未归档，不能删除该订单
    if ( dbObj. GetDataSetStr ( strSql, " tbOrderInfo") . Rows. Count > 0)
    {
    //删除订单表中的信息
    string strDelSql = " delete from tb_ OrderInfo where OrderId = " + Convert. ToInt32
( gvOrderList. DataKeys [ e. RowIndex]. Value);
    SqlCommand myCmd = dbObj. GetCommandStr ( strDelSql);
    dbObj. ExecNonQuery ( myCmd);
    //删除订单详细表中的信息
    string strDetailSql = " delete from tb_ Detail where OrderId = " + Convert. ToInt32
( gvOrderList. DataKeys [ e. RowIndex]. Value);
    SqlCommand myDCmd = dbObj. GetCommandStr ( strDetailSql);
    dbObj. ExecNonQuery ( myDCmd);
    }
    else
    {
    Response. Write ( ccObj. MessageBox ( " 该订单还未归档，无法删除!"));
    return;
    }
    //重新绑定
    if ( ViewState [ " search"] = = null)
    {
    pageBind ();
    }
```

```
else
{
gvSearchBind（）;
}
}
```

（4）为 GridView 控件的"订单状态"和"管理"两个数据列绑定数据项，主要应和 DataBinder. Eval 方法进行页面绑定。将页面切换到 HTML 源码中，编写下面加粗的代码：

```
< head runat = " server"  >
< title >订单管理 </title >
</head >
< body style = " font – family ： 宋体; font – size ： 9pt;"  >
< form id = " form1" runat = " server"  >
< div >
< table cellSpacing = " 0" cellPadding = " 0" width = " 100%" align = " center" bor-
der = " 0" style = " font – family ： 宋体; font – size ： 9pt;"  >
< tr >
< td align = " left" height = " 25" style = " font – family ： 宋体; font – size ：
9pt;"  >
   订单管理 < asp： Label id = " labTitleInfo" runat = " server"  > </
asp： Label > </td >
< tr >
</tr >
</table >
< table cellSpacing = " 0" cellPadding = " 0" width = " 100%" align = " center" bor-
der = " 0" style = " font – family ： 宋体; font – size ： 9pt; background – image： url
（）;"  >
< tr >
< td align = " center" style = " height：106px"  >
< table cellSpacing = " 0" cellPadding = " 0" width = " 95%" align = " center" style
= " font – family ： 宋体; font – size ： 9pt;"  >
< tr >
< td align = " right"  >
订单号： </td >
< td align  = left  >
< asp： textbox id = " txtKeyword" runat = " server"  > </asp： textbox >
```

＜asp：RegularExpressionValidator ID＝" revInt" runat＝" server" ControlToValidate
＝" txtKeyword"

ErrorMessage＝" 请输入整数" ValidationExpression＝" ［0－9］＊＄" ＞＜/asp：
RegularExpressionValidator＞＜/td＞

＜/tr＞

＜tr＞

＜td align＝right＞

收货人：＜/td＞

＜td align＝left＞

＜asp：TextBox ID＝" txtName" runat＝" server"＞＜/asp：TextBox＞＜/td＞

＜/tr＞

＜tr＞

＜td align＝" right"＞订单状态：＜/td＞

＜td align＝left＞＜asp：dropdownlist id＝" ddlConfirmed" Runat＝" server"＞

＜asp：ListItem Value＝" 0"＞未确认＜/asp：ListItem＞

＜asp：ListItem Value＝" 1"＞已确认＜/asp：ListItem＞

＜/asp：dropdownlist＞＜asp：dropdownlist id＝" ddlShipped" Runat＝" server"＞

＜asp：ListItem Value＝" 0"＞未发货＜/asp：ListItem＞

＜asp：ListItem Value＝" 1"＞已发货＜/asp：ListItem＞

＜/asp：dropdownlist＞＜asp：dropdownlist id＝" ddlFinished" Runat＝" server"＞

＜asp：ListItem Value＝" 0"＞未归档＜/asp：ListItem＞

＜asp：ListItem Value＝" 1"＞已归档＜/asp：ListItem＞

＜/asp：dropdownlist＞＜/td＞

＜/tr＞

＜tr＞

＜td＞＜/td＞

＜td align＝" left"＞

＆nbsp；＜asp：button id＝" btnSearch" runat＝" server" Text＝" 搜索" OnClick＝"
btnSearch＿ Click"＞＜/asp：button＞＜/td＞

＜/tr＞

＜/table＞

＜/td＞

＜/tr＞

＜tr＞

＜td style＝" height：23px；font－size ：9pt；"＞

＜asp：GridView ID＝" gvOrderList" runat＝" server" HorizontalAlign ＝Center Width

```
=100% DataKeyNames ="OrderID" AutoGenerateColumns = False PageSize ="5" Allow-
Paging ="True" OnPageIndexChanging ="gvOrderList_PageIndexChanging" OnRowDeleting
="gvOrderList_RowDeleting" Font-Size =10pt BackColor ="LightGoldenrodYellow" Bor-
derColor ="Tan" BorderWidth ="1px" CellPadding ="2" ForeColor ="Black" GridLines
="None" >
    <HeaderStyle Font-Bold =True Font-Size =Small BackColor ="Tan" />
    <Columns >
    <asp：TemplateField HeaderText ="跟单员" >
    <HeaderStyle HorizontalAlign ="Left" > </HeaderStyle >
    <ItemStyle HorizontalAlign ="Left" > </ItemStyle >
    <ItemTemplate >
    <% #GetAdminName（Convert.ToInt32（DataBinder.Eval（Container.DataItem，"Or-
derID"）.ToString（）））% >
    </ItemTemplate >
    </asp：TemplateField >
    <asp：BoundField DataField ="OrderID" HeaderText ="单号" >
    <ItemStyle HorizontalAlign ="Left" />
    <HeaderStyle HorizontalAlign ="Left" />
    </asp：BoundField >
    <asp：TemplateField HeaderText ="下订时间" >
    <HeaderStyle HorizontalAlign ="Left" > </HeaderStyle >
    <ItemStyle HorizontalAlign ="Left" > </ItemStyle >
    <ItemTemplate >
    <% # Convert.ToDateTime（DataBinder.Eval（Container.DataItem，"OrderDate"）
.ToString（））.ToLongDateString（）% >
    </ItemTemplate >
    </asp：TemplateField >
    <asp：TemplateField HeaderText ="货品总额" >
    <HeaderStyle HorizontalAlign ="Left" > </HeaderStyle >
    <ItemStyle HorizontalAlign ="Left" > </ItemStyle >
    <ItemTemplate >
    <% #GetVarGF（DataBinder.Eval（Container.DataItem，"BooksFee"）.ToString（））
% >
    </ItemTemplate >
    </asp：TemplateField >
    <asp：TemplateField HeaderText ="运费" >
```

```
< HeaderStyle HorizontalAlign = " Center" > </HeaderStyle >
< ItemStyle HorizontalAlign = " Center" > </ItemStyle >
< ItemTemplate >
< %# GetVarSF （DataBinder. Eval （Container. DataItem，" ShipFee"）. ToString （））
% >
</ItemTemplate >
</asp：TemplateField >
< asp：TemplateField HeaderText = " 总金额" >
< HeaderStyle HorizontalAlign = " Center" > </HeaderStyle >
< ItemStyle HorizontalAlign = " Center" > </ItemStyle >
< ItemTemplate >
< % # GetVarTP （DataBinder. Eval （Container. DataItem， " TotalPrice"）. ToString
（）） % >
</ItemTemplate >
</asp：TemplateField >
```